세상을 읽는
과학적 시선

과학 전문기자가 전하는 세상 속 신비로운 이야기

세상을 읽는 과학적 시선

모토무라 유키코 지음
김소영 옮김

미디어숲

프롤로그

이 책은 2019년부터 현재까지 신문이나 잡지에 썼던 문장을 정리한 것입니다. 보시는 바와 같이 테마는 여러 가지예요.

세상의 사건을 저 나름대로 음미하고 떠오르는 생각을 칼럼이나 에세이로 적어 왔습니다. '과학 기자'라는 간판을 짊어지고 20년 이상이 흘렀는데, 이렇게까지 뒤죽박죽이고 참 실속은 없지요. 이제부터는 '잡식계 과학 기자'로 이름을 바꾸겠습니다.

그래도 테마를 보고 있자면 제 안의 '척도'가 보이기 시작해요. 아무래도 크고 화려한 것보다 작고 소소한 것들을 좋아하나 봐요.

크고 화려한 것은 이목을 집중시키지만, 주변 사람들을 다짜고짜 휘말리게 해요. 과학, 기술에서도 화려한 목표를 설정해서 거액의 돈을 집중적으로 쏟아부은 프로젝트가 결과적으로 가늘고 길게 이어져 온 다른 분야에 깊은 상처를 남기는 사례를 봐 왔어요.

'큰 게 좋다'라는 텔레비전 광고가 유행했던 시대가 있던 것처럼, 사람들의 의식은 시대 분위기를 비춥니다.

20세기는 '과학의 세기'였어요. 원자력이 에너지를 만들고, 컴퓨터가 발명되었고, 항생 물질이 사람들의 수명을 비약적으로 늘렸습니다. 한편으로 무자비한 개발이 자연을 파괴하고 지구 온난화가 삶을 크게 바꾸고 있지요.

이런 '마이너스 유산'을 사회적 과제로 인식하고 이를 해결하기 위해 작은 범위에서 움직이기 시작한 사람들이 등장한 시기가 바로 우리가 살아가는 21세기예요.

VUCA(급변하고, 불확실하며, 복잡하고, 애매한)의 시대에도 눈앞의 일을 확실히 따져보고 해야 할 일을 해야 합니다. 바위틈으로 새어 나온 물방울이 곧 큰 강이 되듯이, 작은 개개인의 노력이 모이면 흐름이 되고 세상을 더 좋은 방향으로 바꿀 수 있을 거예요. 그런 사람들에게 용기를 받으면서 저는 글을 쓰고 있습니다.

모토무라 유키코

차례

2 숲, 장작, 그리고 사람

박사가 사랑한 기생충

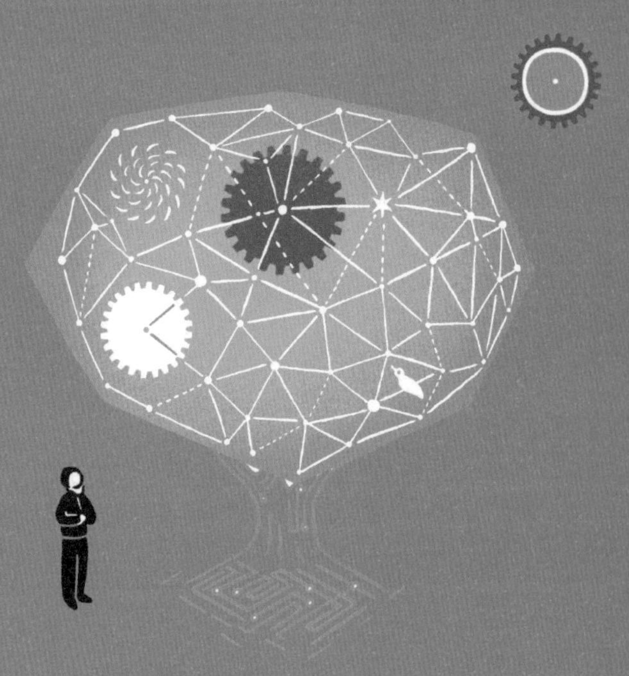

물리학자의
뇌 속에서 펼쳐진 우주

베일에 싸여 있던 블랙홀의 모습이 마침내 포착되었다.

이쪽 분야에 어두운 친구에게 '이름에는 홀이 들어가는데 사실 구멍이 아니라 천체야.'라고 설명을 한 터인데, 공개된 사진을 보니 도넛처럼 생긴 데다가 정작 중요한 블랙홀은 도넛의 '구멍'에 해당하는 시커먼 부분이었다. 아니나 다를까, '까만 구멍 맞잖아!'라며 코를 벌름거리는 친구에게 나는 반박할 여지가 없었다.

그렇다. 블랙홀은 우주에 뻥 뚫린 구덩이로 보는 게 맞겠다. 그 속에는 무시무시한 괴력을 가진 괴물이 숨어 살면서 그 근처를 지나가는 모든 것을 빨아들인다. 빛조차도 한번 발을 들이면 두 번 다시 빠져나올 수 없다. 애초에 확인하러 갈 수 있을 만큼 가깝지도 않거니와, 가까이 간다고 하더라도 영영 돌아오지 못한다. 알면 알

수록 불가사의한 존재다.

그런데 내가 봤을 땐 진득하게 관측해 왔던 물리학자들이 구덩이 속 괴물만큼이나 흥미롭다.

블랙홀의 존재는 일찍이 천재 과학자 알베르트 아인슈타인이 예언했다. 물론 착각이었거나 허풍일 가능성도 있었지만, 대를 이어온 물리학자들은 '블랙홀이 실존한다'고 믿으며 무려 100년 동안 연구해 왔다. 그 사이에 '괴물'의 존재가 엿보이는 관측 결과를 얻기도 했다. 범인을 추격하는 형사가 범인이 남긴 흔적이나 유류품, 목격 증언들을 긁어모으듯이 증거를 하나하나 쌓으며 수사망을 좁혀 갔다.

하지만 이 역시 확실치는 않다. '블랙홀이 존재하지 않는다고 가정하면, 이 현상은 과학적으로 설명할 수 없다. 따라서 블랙홀은 존재한다.' 그들은 이렇게 억지에 가까운 주장을 꾸준히 펼쳐 왔다.

결론을 채 기다리지 못하고 세상을 떠난 사람도 있다. 2018년 3월, 76세를 일기로 세상을 떠난 스티븐 호킹 박사가 그중 한 사람이다. 박사는 생전에 블랙홀이 특정한 조건 아래에서 에너지를 거꾸로 방출하고, 머지않아 증발한다는 예측을 세웠다. 블랙홀이 존재한다는 전제하에 그 마지막을 점치는 대담한 가설이었다. 게다가 계산에 따르면 실제로 일어난다 해도 100억 년 이상의 미래의 일이라고 한다.

물론 그때 우리는 없다. 하물며 인류나 지구가 그때까지 존재할지도 불투명하다. 그런 까마득히 먼 미래의 일을 예측하고 검증은 후배에게 맡기다니, 우리 같은 일반인들은 감히 범접할 수 없는 경지다.

물리학자의 머릿속에는 블랙홀보다 더 깊고 아득한 우주가 펼쳐져 있는 게 아닐까? 그들은 목적지도 없고 기간도 정해지지 않은 미스터리 투어를 즐기는 방랑자들과도 같다.

흰 가운을 벗고
턱시도를 두르는 날

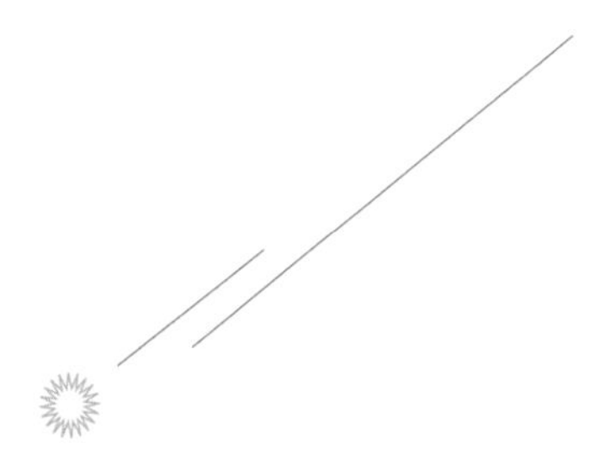

2019년의 노벨화학상은 리튬이온전지를 개발한 요시노 아키라 씨에게 돌아갔다. 스마트폰이나 노트북, 전기 자동차 그리고 소행성 탐사기 하야부사에도 탑재되어 모바일 문명에 빠질 수 없는 어둠의 강자다.

내가 생각하기에 문명의 이기를 낳은 과학자나 기술자야말로 '어둠의 강자'다. 아침에 일어나 수도꼭지를 틀면 물이 나오고 약속 시간까지 목적지에 도착할 수 있는 것도 전부 그들 덕분이지만, 우리는 평소에 거의 의식하는 일이 없다. 애초에 그들 스스로도 별 신경을 쓰지 않는다. 그들의 의지를 활활 타오르게 하는 것은 감사의 말보다 당장 눈앞에 놓인 주제다. 호기심에 이끌려 무아지경에 빠지는 일, 머지않아 사회를 변화시키는 일이 곧 그들의 기쁨이다. 세간의 주목이나 보상은 나중에 따라오는 것이다.

보상 중에서도 노벨상은 각별하다고 봐도 좋다. 1901년에 창설된 이후 걸출한 과학자들이 이 노벨상 수상의 영예를 안았다.

수상식은 매년 알프레드 노벨의 기일인 12월 10일에 스톡홀름에서 열린다(평화상은 오슬로). 턱시도나 드레스를 차려입은 수상자들은 친족이나 내빈이 지켜보는 가운데 스웨덴 국왕으로부터 메달과 증서를 받는다. 수상식이 끝나면 장소를 옮겨서 국왕이 주최하는 만찬회가 늦은 밤까지 이어진다.

전 세계에서 고작 1,300명 정도만 참가할 수 있는 특별한 밤. 나는 취재를 하러 딱 한 번 참가한 적이 있다.

취재자들에게도 최상급 드레스 코드가 요구된다. 롱드레스를 입긴 하지만, 컴퓨터나 자료가 든 무거운 가방과 카메라를 바리바리 싸든 모습이 우스꽝스럽기 짝이 없다. 그래도 원고를 내팽개치고 나서는 만찬회를 즐겼다. 메뉴는 전채요리, 메인요리, 디저트로 딱 3가지다. 여기에 최고급 샴페인 동 페리뇽 한 잔을 곁들인다. 요리와 요리 사이에는 여러 가지 볼거리나 수상자의 연설이 들어간다. 가짓수는 적지만 1,300명이나 되는 사람들에게 전부 다 서비스하려면 이게 최선일 거다. 이날을 위해 발 벗고 달려온 셰프들이 솜씨를 뽐낸다. 요리를 테이블로 옮기는 일은 공모에서 뽑힌 국민의 몫이다.

전 세계의 주목을 받는 이 이벤트는 스웨덴의 국민 행사다. 이튿날 아침에 현지 기사에는 직전까지 밝혀지지 않았던 만찬회의 메뉴와 그날 공개한 여왕의 드레스 이야기로 자자하다.

찬란하게 빛나는 한 주를 마친 수상자들은 각자 나라로 돌아간다. 동 페리뇽과 드레스는 없지만, 다시 자극적인 연구 인생의 막이 오른다.

‘갑툭튀’가 제일 무섭다

과학 기자에게 노벨상이란 해마다 한 번 찾아오는 축제와 같다. 게다가 연구 현장에서 묵묵히 일하는 사람들을 널리 알릴 절호의 찬스가 되기도 한다.

그런데 시차 문제 때문에 일본에서는 저녁 시간에 발표가 난다는 점이 꽤 골치 아프다. 이튿날 조간신문에 실릴 난해한 과학 문제를 밤사이에 알기 쉽게 정리하기란 여간 어려운 일이 아니기 때문이다.

나오키상이나 아카데미상은 누가 최종 후보에 남아 있는지 미리 알 수 있다. 그런데 노벨상은 선정 과정이 외부에 새어나가지 않도록 ‘철통 보안’을 자랑한다. 그렇기 때문에 몇십 명이나 되는 후보군에 맞게 일일이 원고를 만들어 준비하는데, 막상 뚜껑을 열어 보면 ‘갑툭튀’ 수상자가 나오는 경우가 많다.

2002년에 화학상을 받은 다나카 고이치 씨가 바로 그런 케이스였다. 노벨상 웹 사이트에 뜬금없이 나타난 'Koichi Tanaka'라는 이름. "누구야?", "원고도 안 써 놨는데, 어디 소속의 누군지 찾아내!"

곧이어 다나카 씨가 교토의 시마즈 제작소에 소속되어 있다는 사실이 밝혀졌다. 부랴부랴 번호 안내 서비스에서 알려준 홍보과 번호로 전화를 걸었다.

신호음이 몇 번 울리고 전화를 받은 남성에게 이 소식을 알렸다.

"귀사의 다나카 고이치 씨가 노벨상에 선정되셨습니다."

남성은 잠시 할 말을 잃은 듯했다.

"…네? 저희 다나카요? 그게 누구죠?"

얼빠진 대화가 오가는 사이에 홍보과에 있는 모든 전화가 불난 듯 울려댔다.

나중에 들었는데 이날은 시마즈 제작소의 '야근 없는 날'이었다. 사무실에 혼자 남아 있던 부장도 마침 귀가하려고 정리하던 참이었다고 한다.

당사자인 다나카 씨는 그 당시 수상 소식을 알리려고 자신의 책상으로 직접 걸려 온 국제전화를 받고 우왕좌왕했다. 순간 누군가 장난을 치는 건 아닌지 의심했다고 한다.

그는 단백질과 같은 거대 분자를 분해하지 않고도 분석하는 기술을 개발했다는 공적을 인정받아 수상하게 됐다. 박사도, 관리직도 아닌 마흔셋의 기술자가 갑자기 세계 무대로 끌려 나온 것이다. 기자회견은 물론, 전철을 타고 통근할 때도 항상 작업복 차림인 그의 '수수함'에 많은 사람이 친근감을 느꼈다.

큰 화제가 되지는 않았으나 다나카 씨는 기자회견에서 중요한 결의를 표명하기도 했다.

"기술을 발전시켜 의료에 이바지하고 싶습니다. 퇴근길에 잠깐 약국에 들러서 혈액 한 방울만 가지고도 어떤 질병들을 앓고 있는지 그 자리에서 진단받을 수 있도록 하는 것이 저의 목표입니다."

당시에는 '에이, 되겠어?'라는 생각을 하면서 듣고 있었는데, 다나카 씨는 약속대로 소량의 혈액만 가지고도 치매나 암을 조기 진단할 수 있는 기술을 현실로 만들었다.

그들에게 수상은 '통과점'이다. 외부 요인에 꿈쩍하지 않고 몰두하는 연구 자세에 진정한 노벨상의 가치가 있는 건 아닐까? 20년 동안 긴 시선으로 보다 보면 그런 깨달음도 얻게 된다.

고분古墳을 투시하다

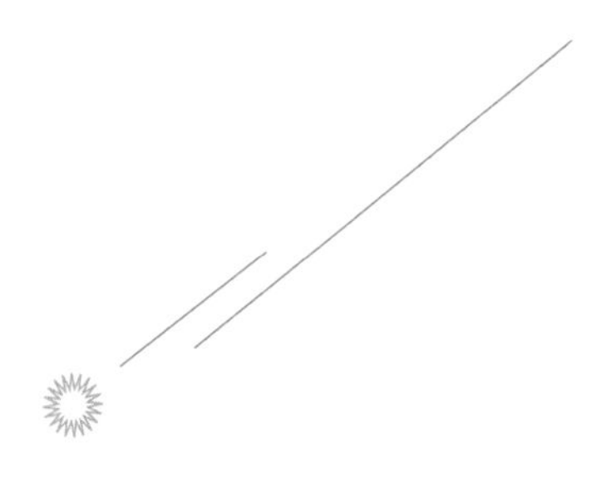

2020년 1월, 역사 팬들의 마음을 설레게 한 뉴스가 보도되었다.

야마타이국의 여왕 히미코의 무덤이라고 전해지던 나라현 하시하카 고분의 내부를 투시하는 실험이 시작되었다는 뉴스였다. 이 가짜 뉴스 같은 소식은 놀랍게도 진짜였다.

하시하카 고분은 왕족과 연관 깊은 유적이라는 사실을 이유로 출입이 엄격하게 금지되어 있었다. 아무리 학술이 목적이라 할지라도 무덤을 파헤치는 발굴 작업은 꺼려지기도 했다. '하지만 눈앞에 고분이 있으면 그 내부가 어떻게 생겼는지 궁금한 것이 인지상정. 그렇다면 투시를 해 보자.' 이런 흐름으로 이어져 작업이 시작되었다.

눈의 역할은 우주에서 떨어지는 '뮤온'이 담당한다. 뮤온? 우주에서 온 외계인일까? 아니면 마스코트 이름일까? 아니, 뮤온은 소립자다.

지구에는 눈에 보이지 않는 우주선들이 비처럼 쏟아진다. 그중 일부가 대기와 충돌하여 뮤온으로 변신하는데, 사람이 서 있는 곳을 중심으로 사방 1m 땅 위에 1분당 1만 개나 떨어진다. 사람의 몸은 물론이고 바닥과 아스팔트, 두께가 1km나 되는 암반조차도 죄다 통과할 수 있다고 한다.

아프지도, 가렵지도 않은데 그럴 수가 있을까? 믿기지 않겠지만 사실이다.

뮤온의 투과력은 물질에 따라 다르다. 관찰하고 싶은 물체를 통과한 뮤온을 특수 필름으로 받아내면, 불에 쬐었을 때 글씨가 나타나는 종이처럼 진한 곳과 연한 곳이 떠오른다. 그 결과물로 내부 구조를 짐작할 수 있는 것이다.

건강 검진을 받을 때 많이 쓰는 엑스선 사진도 같은 구조를 사용한다. 엑스선의 투과력은 뮤온만큼 좋지 않지만, 인체 정도는 식은 죽 먹기다. 몸에 상처를 입히지 않고 뼈나 폐 속 상태를 알 수 있다.

다시 뮤온 이야기로 돌아가자. 2017년에는 이집트에 있는 쿠푸왕의 피라미드를 뮤온으로 투시한 결과가 영국 과학 학술지 《네이처》에 게재되었다. 중심부에 총길이가 30m나 되는 미지의 공간이 있다는 사실을 알아냈다는 것이다. 혹시 그 공간에 왕관이 놓여 있는 건 아닐까? 상상은 점점 부풀어 오른다.

일본에서는 화산을 투시해서 지하의 마그마 웅덩이 크기를 추산하거나 지진을 일으키는 지하의 단층 구조를 밝혀내는 연구가 흥했다. 힘을 써서 직접 파내려고 하면 거액의 비용과 시간이 필요하지만, 뮤온을 사용하면 그런 수고도 절약할 수 있다. 하루빨리 실용화되길 바랄 따름이다.

사고를 일으킨 도쿄전력 후쿠시마 제1 원자력 발전소에서도 2호기의 원자로 내부를 이 기술로 투시해서 녹아내린 연료의 모습을 파악했다. 방사선이 강해서 인간이 접근하지 못하는 만큼, 과연 전지전능한 뮤온 님이라고 불러야 할 것 같다.

'인류세人類世',
우리가 살아가는 시대

'인류세Anthropocene.'

노벨상을 받은 네덜란드의 화학자가 제안한 새로운 지질시대의 개념이다.

핵 실험으로 생기는 방사성 원소나 석유를 태울 때 생기는 그을음과 플라스틱 등이 지질에서 검출되는 시대를 가리킨다. 달리 말하자면 '인류가 환경을 크게 변화시킨 시대'라고 할 수 있다.

머리로는 이해하겠는데 피부로 느껴지지 않는다면, 아마도 그 영향이 아주 미세한 부분에서부터 나타나기 때문일 것이다. 쥐도 새도 모르게 시작하고, 또 서서히 퍼져 나간다. 그리고 많은 사람이 알아차렸을 무렵에는 이미 돌이킬 수 없는 사태에 이르러 있다.

남태평양에 떠 있는 산호초의 나라 투발루는 그 최전선 중 하나

다. 투발루의 국토 면적은 아홉 개의 섬을 합쳐서 총 26㎢, 평균 표고는 2m이며 '지구 온난화가 일어나면 가장 먼저 침몰할 나라'로 꼽히기도 한다. 지금도 밀물일 때면 산호질 땅에서 바닷물이 펄펄 솟아오른다.

이 작은 나라에 다른 위기가 닥쳤다는 사실을 다큐멘터리 영화 〈플라스틱 바다〉로 알았다. 투발루에는 쓰레기 처리 시설이 없다. 제2차 세계대전 중에 미군이 활주로를 만들기 위한 자재로 산호를 파낸 거대한 구덩이가 그대로 쓰레기장이 되었다. 생활 쓰레기부터 오토바이, 가전까지 온갖 폐기물이 이곳에 던져진다.

영화에서는 오염물인지 바닷물인지 알 수 없는 물웅덩이에 무릎까지 잠긴 아이들이 쓰레기를 갖고 노는 광경이 비추어졌다. 이 섬에서 나고 자란 여성은 이렇게 말했다.

'옛날에는 아름다운 나라였다. 플라스틱이 늘어나면서 천국은 파괴되었다.'

1990년대에 투발루를 찾아가 해수면 상승의 영향을 조사했던 전 이바라키 대학 교장 미무라 노부오 씨는 그 나라에 머무르던 중 현지 정부와 협의하는 자리에서 간식으로 나온 통조림 콘비프를 지금도 생생히 기억한다.

1978년에 독립국이 된 투발루는 그 당시 자급자족을 기본으로 하던 생활 양식을 서구풍으로 이행하는 과정에 있었다. 매우 제한된 땅에서 재배되던 토란 등은 염해 때문에 수확량이 줄어들었다. 재료를 수입에 의지한 결과, 주민들은 쓰레기 문제를 떠안게 되면서 동시에 비만과 생활 습관병에도 시달리게 되었다.

해수면 상승으로 지하수에도 염분이 섞여 들어가기 시작했고, 생활용수는 빗물과 수입에만 의존하게 되었다. 현대 문명과 온난화가 투발루의 지속 가능성을 위협하고 있었다. 미무라 씨는 이를 '우주선 지구호의 미니어처 버전'이라고 비유했다.

사실 투발루는 지구가 직면한 사태를 축소해서 여실히 보여 준다. 한정적인 자원을 마구잡이로 낭비하니 자연으로 돌아가지 못하는 플라스틱 쓰레기가 환경을 해치고 있다. 해수면이 상승하면서 인구가 집중된 바닷가 도시는 더 이상 안심하고 살 수 없는 장소가 되었고, 마침내 주민들은 섬을 떠나야 하는 처지에 놓였다.

다른 나라들은 그저 손 놓고 바라볼 수밖에 없다. 온난화를 나의 일이라 생각하고 받아들이는 것이 최소한의 책임이다.

46억 년이라는 지구의 역사에서 지질의 특징으로 분류하는 지질 연대로 말하면 우리는 신생대 제4기의 홀로세에 살고 있다.

이어지는 새로운 시대를 '인류세'라 이름 붙일 필요는 분명 있다. 지구의 유한성을 돌이켜보지 않는 인류의 이기를 교훈으로 계승하기 위해서라도 말이다.

매머드가 되지 않기 위해

도쿄 오다이바의 일본 과학 미래관에서 열린 '매머드 전'에 다녀왔다.

전시장은 아이를 동반한 가족들로 북적거렸다. 공룡을 좋아하는 아이들은 백이면 백 매머드도 좋아하니 참 신기하다.

'매머드랑 공룡은 뭐가 달라요?'라는 아이의 질문에 아버지는 살짝 고민하다, '매머드는 포유류고 공룡은 파충류야.'라고 대답했다. 크게 틀린 건 아니지만, 그렇다고 정답이라고도 할 수 없다. 새처럼 깃털과 날개를 가진 공룡의 화석도 발견되면서 지금까지도 고생물학자들이 논쟁을 벌이고 있다.

매머드와 공룡이 살았던 시대가 완전히 달랐다는 것만큼은 틀림없다. 매머드가 번영했던 시대는 약 500만~150만 년 전이고, 비슷한 시기에 인류도 탄생했다. 다시 말해 우리의 조상은 매머드와 같

이 살았다. 한편, 공룡의 최전성기는 2억에서 1억 년 전으로, 인류의 흔적이나 형태를 찾아볼 수 없는 시대다. 둘이 같이 등장하는 모습은 SF 영화에서나 가능하다. 공룡이 돌아다니던 이 시대는 지질 연대로 따지면 '쥐라기'에 해당한다.

지질 연대란 46억 년 지구의 역사를 그때그때 번영한 생물(화석)로 분류한 연표를 말한다. 쥐라기는 정확히 따지면 '현생누대 중 중생대 쥐라기'다. 티라노사우루스는 그 후에 이어지는 '백악기'에 멸종했다. 그리고 우리는 '현생누대 신생대 제4기 홀로세'에 살고 있다. 주저리주저리 표기가 긴 것은 주소와 비슷하다고 보면 된다.

홀로세는 약 1만 년 전에 시작되었다. 이 시대에는 빙하기가 끝나고 온난화가 시작됐다. 대량의 얼음이 녹아 해수면이 100m 이상

상승했다고 한다.

이 시대의 주인공은 물론 '인류'다. 인간은 문명을 세우고 문자를 발명했으며 종교나 철학, 과학을 만들어 냈다. 특히 산업 혁명 이후로 삶은 격변했다.

의학이 발달하면서 수명도 늘었다. 1800년에 10억 명이었다는 지구의 인구가 2022년에는 80억 명을 넘어섰다.

편리해졌다는 것은 사실이라 해도, 과연 우리는 행복해졌을까? 인구가 이대로 늘어나면 식량은 부족하지 않을까? 지구는 어떻게 될까? 그런 불안도 생긴다.

지구의 연대가 홀로세에서 '인류세'로 넘어간 것이 아닌가 하는 설이 과학자들 사이에서 진지하게 논의되고 있다. 인간이 지구를 크게 변화시켰다고 여기기 때문이다. 캄브리아기의 지질에서 삼엽충 화석이 대량으로 출토되듯이, 인류세의 지질에서는 석유를 태워서 나온 매연이나 문명의 부산물, 그러니까 자연계에는 존재하지 않는 화학 물질이 많이 나오지 않을까?

돌이켜보면 지질 연대를 구분 지을 때는 그 시대에 번영했던 생물의 대량 멸종도 겹쳐 있다. 이대로 나아갈지, 아니면 멈춰 서서 홀로세를 살아갈지는 인류가 다 같이 생각해야 할 숙제일지도 모르겠다.

사차원 주머니의 미래

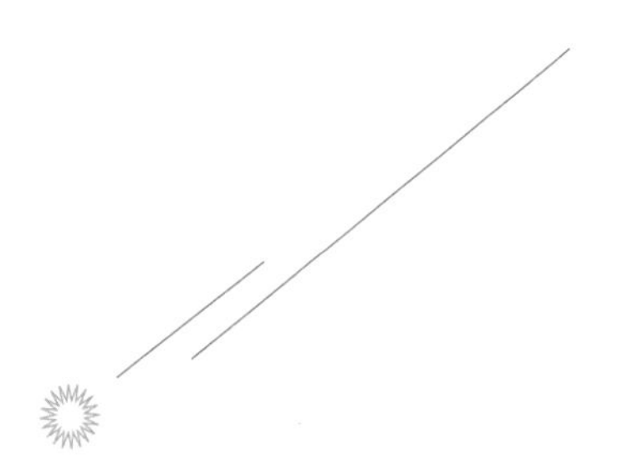

'인공지능.' 영어로는 AI. 뉴스에 나오지 않는 날이 없을 정도다. 그만큼 시끌시끌하다. 붐이라는 것이다.

붐이니까 당연히 이목이 쏠린다. 사람과 돈이 모인다. 기술 자체도 발달한다. 20세기에는 두 번의 붐이 있었는데, 실망과 함께 사그라졌다. '이걸 붐으로 끝내서는 안 된다'라는 사명감으로 연구자들은 분투해 왔다.

그런데 많은 사람이 이번 붐은 '혹시 진짜인가?'라는 시선으로 보고 있다. 부쩍 진화한 컴퓨터의 계산 능력, 컴퓨터를 개입하지 않고 여러 가지 물건을 연결하는 'IoT'의 보급, 그리고 대량 정보를 빠른 속도로 주고받을 수 있는 통신 기술 '5G'도 이번 붐을 단단하게 받쳐 준다.

무대 준비는 끝났다. 배우들도 모였다. 이제 어떤 공연이 시작

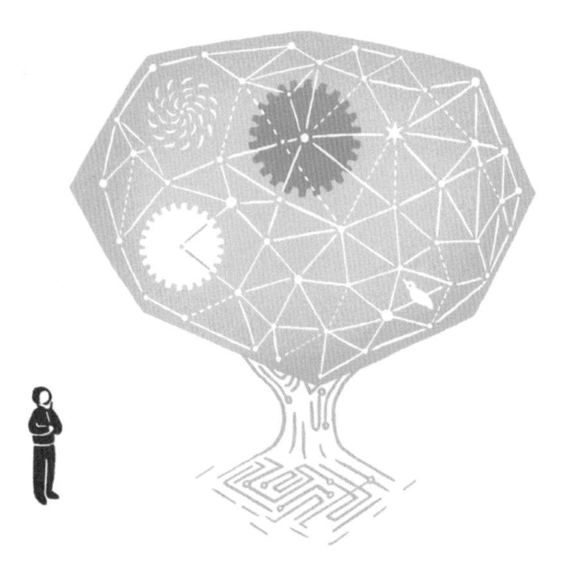

될까?

흔히 AI나 AI 탑재 로봇이 인간의 일을 빼앗는다고들 한다. 기업의 안내데스크나 가게의 계산대, 공공시설 청소, 콜센터 등에는 이미 AI가 진출했다.

대량의 사진으로 아주 사소한 병변을 발견하거나, 방대한 시장 정보를 바탕으로 최적의 투자처와 타이밍을 찾아내는 것도 곧잘 한다.

이렇게 되면 화이트칼라도 구경만 하고 있을 수는 없다. 미국의 증권사에서는 AI 기반 거래 시스템을 도입한 결과, 6,000명의 트레이더를 2명으로 줄였다고 한다.

어느 전문가는 말한다. AI가 진정한 의미로 사회에 녹아들려면 사회가 기꺼이 받아들이는 '접점'이 필요하다고 말이다. 그런 의미에서 다시 보게 되는 것이 그 유명한 '도라에몽'이다.

도라에몽은 인간의 마음을 헤아리는 로봇이다. AI가 추구하는 하나의 도달점이라고 해도 좋다. 그러나 결코 진구에게 오냐오냐 하지는 않는다. '할 수 없지, 뭐.'라며 마지막 순간에야 사차원 주머니에서 여러 가지 물건을 꺼낸다. 덜렁이 진구는 잘못 사용하는 바람에 실패하기도 하는데, 도라에몽은 미리 가서 도와주지 않는다.

미래에서 왔다는 것도 특이한 점이다. 진구의 손주의 손주가 걱정되어 파견해 준 로봇이다. 그래서 취향에 맞게 설정되어 있다.

진구로 상징되는 '변덕쟁이에 불완전한 존재=인간'을 멀리서 지켜보고 힘이 되어주며 성장을 돕는 우수한 오른팔. 그런 AI라면 누구나 같이 살고 싶어 하지 않을까?

도라에몽은 2112년 9월 3일생이라고 한다. 현실의 시간축에 대입하면 앞으로 87년 남았다. 우리 사회가 서서히 AI를 받아들이고 철저한 연구 끝에 좋은 AI를 개발하는 모습, 그런 밝은 미래를 그리고 싶다.

가사 로봇,
현실이 될까?

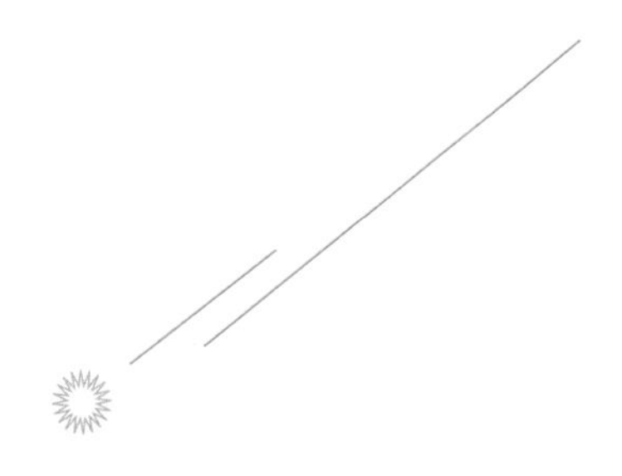

뿔뿔이 흩어진 밀폐 용기와 뚜껑의 짝을 찾는 '밀폐 용기 짝 맞추기' 작업, 빨랫감이 잘 마르도록 옷걸이 간격을 맞추는 '간격 감각' 작업. 생활 속의 집안일들에 유머러스한 이름을 붙여 준 책(『이름 없는 집안일에 이름을 지었습니다』)이 화제가 되었다. 저자는 카피라이터 우메다 사토시. 육아 휴업을 하면서 기진맥진했던 경험을 바탕으로 썼다고 한다.

'가사 노동 줄이기.' 가전을 발전시켜 온 목적이다. 부담이 줄어든 건 사실이지만, 모든 집안일에서 해방된 것은 아니다. 세탁과 건조는 기계에 맡길 수 있다. 하지만 가족이 벗어 던진 의류를 모아서 색깔이 있는 옷과 흰옷으로 나누어 부분 빨래를 하고, 마르면 잘 개고 양말의 짝을 찾는 일은 여전히 인간의 몫이다.

"로봇이 빨래를 개어 주는 날이 올까요?"

얼마 전에 참석했던 인공지능에 관한 심포지엄에서도 이런 질문이 나왔다. 로봇 크리에이터 다카하시 도모타카 씨는 '살고 있는 방 정도 되는 크기에서 꾸물꾸물 옷을 개는 로봇이라면, 돈이 아깝지 않다는 가정하에 불가능한 일은 아니다.'라고 대답했다.

인간에게 셔츠와 바지를 구분하기란 대수로운 일이 아니지만, AI에게는 어려운 일이다. 구별해내는 것이 가능하다고 해도 옷을 갠다는 섬세하고 복잡한 작업은 여간 까다로운 일이 아니다. 실제로 개발에 도전한 벤처기업은 기술과 비용을 둘 다 살리느라 애를 먹다가 파산에 이르렀다.

일을 빼앗긴다는 둥, 지배받는다는 둥 말이 많았던 AI 위협론도 집안일에 관해서는 아직 먼 이야기인가 보다. 빨랫감을 개는 로봇을 세월아 네월아 기다리기보다는 '이름 없는 집안일'이 얼마나 많은지, 어떻게 가족끼리 분담할 수 있는지를 상의하는 편이 훨씬 현명해 보인다.

'가사 노동은 복잡한 작업임에도 불구하고 낮잡아 보이기 쉽다는 점도 개발이 이루어지지 않는 한 가지 요인이다.' 다카하시 씨는 이런 말도 했다. 끝이 없는 집안일을 짊어져야 하는 사람에 대한 배려와 걱정이 얼마나 소중한지 생각해 본다.

바이러스,
지나치게 똑똑한 '하숙인'

『집주인과 나』라는 만화 에세이가 2019년에 베스트셀러가 되었다. 개그맨과 하숙집 주인의 모습을 따스하게 그려낸 만화다. 가족도 연인도 아닌 사람과 한 지붕 아래에서 유지하는 절묘한 거리감이 보는 사람까지 흐뭇하게 만들어 인기를 얻었다.

온 세상을 소란스럽게 하는 바이러스도 사실 그런 존재이다.

바이러스는 생물에 기생한다. 식물, 인간, 동물, 하물며 세균에도 기생한다. 『집주인과 나』에 비유한다면, 인간이나 동물이 집주인이고 바이러스가 나다. 따지자면 생활이나 식사를 일방적으로 숙주에게 의존한다는 점에서 하숙인보다는 더부살이에 가깝다.

바이러스는 생물의 몸 안에 멋대로 들어와서 세포가 늘어가는 구조에 편승해 자기편을 늘린다. 그렇게 해서 세력을 확장하고, 가

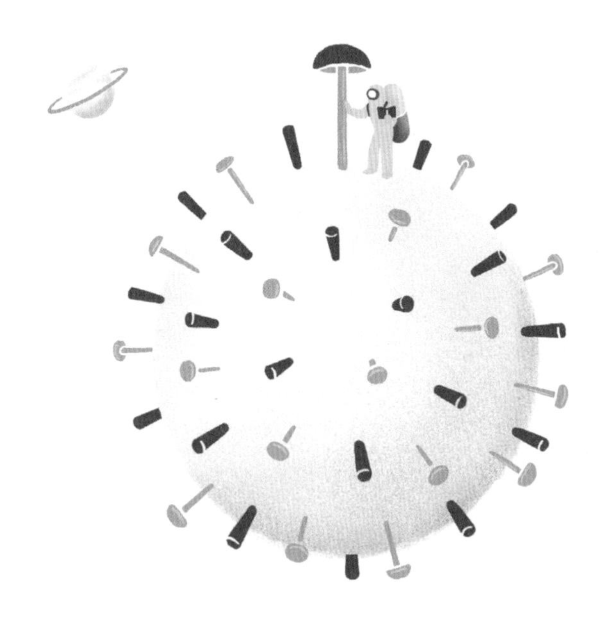

끔은 숙주를 점령할 때도 있다. 숙주가 죽는다는 걸 안 순간 다른 숙주로 갈아타서 끈질기게 살아남는다. 이게 바이러스다.

과학자들은 의학 역사 속에서 소중한 가족이나 가축을 괴롭히는 의문의 병원체의 정체를 오랫동안 연구해 왔다.

바이러스를 발견한 사람은 프랑스의 루이 파스퇴르다. 정체를 알아낸 것은 아니다. 광견병을 연구하는 과정에서 세균이 아닌 광학 현미경으로도 보이지 않을 정도로 작은 '무언가'를 원인으로 지목했고, 이것을 바이러스라고 불렀다. 19세기 말의 일이다.

그 후 100년 남짓 동안 바이러스에 관한 연구가 빠르게 진행되었다. 20세기에 전자현미경을 발명하면서 바이러스의 모습을 관찰할 수 있게 되었고, 바이러스의 DNA나 RNA를 해독할 수 있는 기술을 발명한 것이 연구에 크게 기여했다.

그 결과, 성질이나 다양성과 더불어 의외의 측면도 보이기 시작했다. 예를 들면 세균에 선옥균과 악옥균이 있는 것처럼 바이러스에도 '선옥 바이러스'가 있다는 것이다.

임신한 여성은 타인(남편)의 유전자를 절반 물려받은 태아라는 이물을 10개월 동안 태내에서 기른다. 일반적으로는 면역이 작용하여 배제하려고 한다. 하지만 그러지 않는 이유는 임신을 하면서 만들어진 특수한 막 덕분이고, 놀랍게도 그 막은 먼 옛날에 인간에게 옮겨 온 바이러스에서 유래했다는 사실이 밝혀졌다. 이로 보면, 더부살이는커녕 인류의 번영을 든든하게 받쳐 주는 존재다.

바이러스 생명의 역사는 30억 년 전으로 거슬러 올라간다고 한다. 서로 방해하지 않고 가끔은 상부상조하는 거리감을 지킬 수 있는 한, 바이러스로부터 배울 점은 크다.

단, 숙주에 따라 변화무쌍하게 형태를 바꾸고 종에서 종으로 옮겨 다니며 비행기나 배를 타고 바다도 건널 수 있으니 그 지혜가 가끔은 버겁다. 부디 현명하게 어울리는 법을 밝혀냈으면 한다.

진짜인가, 가짜인가
그것이 문제로다

1966년에 개봉한 영화 〈백만 달러의 사랑〉은 어리숙한 탐정과 아가씨가 파리의 미술관에 잠입해서 벤베누토 첼리니의 비너스 조각상을 훔치는 전말을 그린 로맨틱 코미디다.

오드리 헵번이 연기하는 니콜이 사랑스러워 자꾸만 눈길이 가는 영화다. 그중에서도 호텔 리츠의 바에서 탐정에게 계획을 털어놓는 장면이 가장 마음에 든다. 사람들 눈을 피하려고 검은색 옷을 휘감고 등장하는데, 지방시가 디자인한 블랙 레이스 원피스가 찰떡같이 잘 어울려서 누구보다도 눈에 띈다. 정말이지 요염한 모습에 탄식이 나올 정도다.

극 중에서 니콜의 아버지는 저명한 미술품 수집가로 부를 쌓았는데, 사실 그의 정체는 명화를 위조하는 화가였다. 어느 날 아버지가 미술관에 빌려준 가짜 비너스 조각상이 과학 감정에 매겨진다는 사실을 알게 된 니콜은 정체가 탄로 나는 것이 두려워 궁여지책으로 비너스 조각상을 훔칠 계략을 세운다.

원작의 제목은 『백만 달러를 훔치는 법How to steal a Million』이다. 결국은 훔쳐낸 가짜를 백만 달러에 파는 데 성공했기 때문에 이런 제목이 나왔다. 비록 가짜일지라도 끝까지 속여 넘기면 터무니없는 가격으로 거래를 할 수 있다는 미술 세계에 대한 풍자도 담겨 있다.

트위터(현재 X)의 공동 창업자 잭 도시가 2006년 3월 21일에 올린 '세계 최초 트윗'에 291만 달러의 값을 매겼다. 그보다 열흘 전에는 디지털 아트 작품 〈최초의 5,000일〉이 6,900만 달러에 낙찰되었다. 둘 다 인터넷에만 존재한다는 것이 공통점이다.

이러한 디지털 자산은 '비대체 토큰'이라고 불린다. 'Non-Fungible Token'의 머리글자를 따서 'NFT'라고도 한다. 2017년경에

등장하여 2021년에 접어들면서 폭발적인 인기를 끌었다.

과열된 배경에는 몇 가지가 있다. 하나는 말 그대로 '대체 불가능한 유일무이한 가치'에 주목이 쏟아졌다는 점이다. 디지털 작품은 원래 무한히 복제가 가능하다. 하지만 NFT는 블록체인으로 관리하고 거래하기 때문에 유일무이한 가치를 지켜낼 수 있다. 블록체인은 가상통화 거래에도 사용된다. 인터넷상에서 다수의 사람이 공동 관리하며, 나쁜 짓을 하면 눈에 보인다.

'최초 트윗'이 여기서 등장함으로써 세계에 하나밖에 없는 가치가 보장된다. 그것을 소유하고 싶어 하는 사람이 늘어나면 당연히 비싼 값이 매겨진다. 다빈치의 모나리자는 유일무이한 명화지만, 무수한 복제나 모조품이 나돌아 다니며 파는 쪽도 사는 쪽도 그 사실을 안다. 속아서 모조품에 걸리는 일이 놀랍지 않은 예술의 세계보다 NFT가 더 미더울 수도 있다.

또 하나의 배경은 코로나바이러스다. 얼어붙은 경기를 자극하려고 각 나라가 돈을 시장에 쏟아부었다. 그 덕을 본 일부 부유층이 새로운 투자처로 NFT를 고른 것이다.

그저 위기를 기회로 삼은 속 빈 강정일까, 아니면 유사 이래 예술의 가치를 근본적으로 바꾸는 혁신적인 발명이 될까? 눈을 뗄 수가 없다.

우주여행, 그곳에는 어떤 볼일이 있을까?

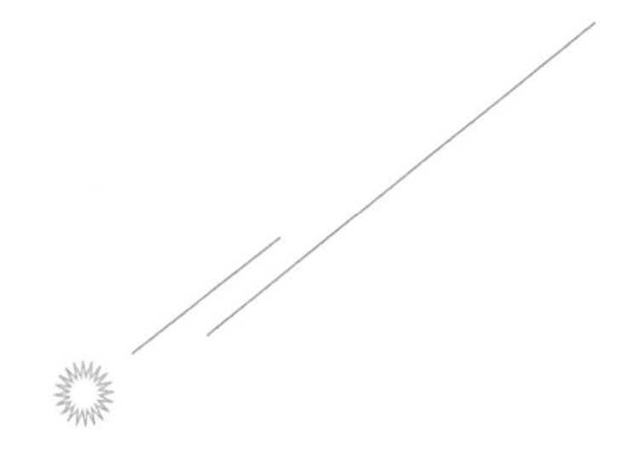

인간은 두 종류로 나눌 수 있다. 예를 들면 우주를 좋아하는 사람과 그렇지 않은 사람이다. 우주 개발 이야기에 눈을 반짝이는 사람이 있는가 하면, '우주의 낭만이야 알겠는데 뭐가 재밌지?'라며 냉담한 태도를 보이는 사람도 있다.

'전 세계가 숨을 죽이고 위성 중계에 집중했다.'

1969년 7월, 아폴로 11호의 달 착륙 보도에도 이들은 싸늘한 시선을 보냈다. '무슨 볼일이 있어서 달에 가는 거야? 달은 그냥 감상하는 거 아니었어?' 이렇게 비아냥거렸던 사람은 칼럼니스트 야마모토 나쓰히코 씨다.

케네디 미국 대통령은 세계 최초로 유인 우주 비행을 실현한 구소련에 대한 반항심으로 아폴로를 쏘아 올렸다. 국위 선양과 지지

율 상승이라는 정치적 야망도 담겨 있었을 것이다. 거액의 세금을 들이는 반면에 빈곤이나 인종 차별은 나 몰라라 했다. 비판의 눈초리가 쏟아지는 것도 당연했다.

그럼 그 돈이 개인의 자금이었다면 어땠을까?

2021년 여름, 미국의 벤처기업들이 잇따라 '우주여행'에 성공했다.

버진 갤럭틱은 6인용 우주선을 제트기에 결합해 상공에서 로켓 엔진에 점화했고, '우주의 입구'라고 불리는 85km 상공에 다다랐다. 총 한 시간 남짓의 여행이었다.

그로부터 열흘 후에는 '아마존'의 창업자 제프 베이조스가 이끄는 블루 오리진이 우주에 나섰다. 여기는 승객이 탄 캡슐을 로켓으로 쏘아 올리는 방식이었다. 3분 만에 고도 100km에 도달했고, 10분 후에 낙하산을 타고 연착륙했다.

둘 다 무중력 체험과 장대한 광경이 셀링 포인트다. 칠흑같이 캄캄한 우주와 동그랗고 푸르른 지구도 직접 볼 수 있다.

우주선에 직접 올라탄 버진 그룹 대표 리처드 브랜슨 씨는 어릴 때부터 이 순간을 꿈꿨다고 했다. 경영인으로서 대성공을 거두고 우주로 가는 꿈도 이루었다.

'무슨 볼일이 있어서'라는 질문에 대한 답은 여기에 있을지도 모르겠다. 설레는 마음으로 달 착륙을 지켜보던 소년이 반세기 후에 '누구나 우주로 갈 수 있는 시대'의 문을 열었으니 말이다.

애초에 이번 성공의 배후에는 아폴로 계획을 경험했던 미 항공우주국NASA 베테랑 기술자들의 공헌이 있었다. 단지 막대한 비용이 걸림돌인데, 전 세계의 부자들이 호기롭게 투자해 준다면 기술은 발전하고 가격은 내려간다.

이제 20년쯤 지나면 여행 사이트에 '우주' 코너가 생길지도 모르는 일이다.

'달로 떠나는 5박 6일 여행, 옵션으로 둥근 지구를 보며 골프도 즐길 수 있어요!'

이런 시대가 과연 올까?

테크놀로지로 퍼져 나가는 세계

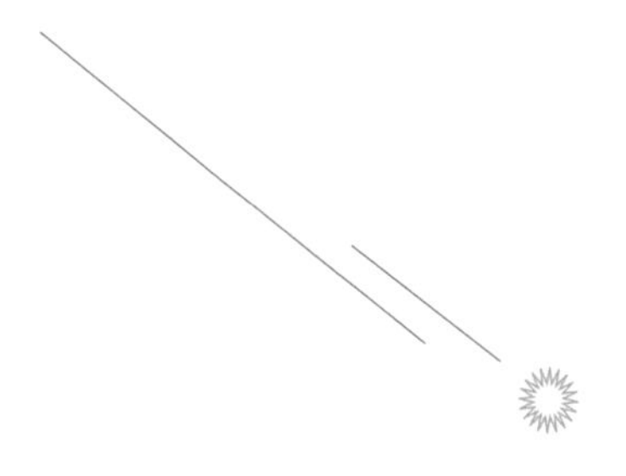

'불가능, 그것은 도전할 수 있다는 가능성을 의미한다.'

프로 복서 무하마드 알리가 남긴 말이다. 헤비급 세계 챔피언이자 금메달리스트이며, 흑인으로서 인종 차별을 반대했으며 말년에는 난치병과 싸웠다.

도쿄올림픽 패럴림픽에서도 한계에 도전하여 불가능을 가능으로 만든 사람들의 모습에 감동했다. 그중 한 사람이 패럴림픽 폐막식에 등장한 PONE(길렘 갈라트), 힙합 유닛 'Fonky Family'의 프로듀서다. 프랑스 자택 침대에 누워 손가락 하나 까딱하지 않고 라이브로 노래를 불렀다.

그는 2015년에 전신 근육의 기능이 떨어지는 ALS(근위축성 측삭경화증)를 진단받았다. 하루가 멀다 하고 할 수 있는 일이 줄어드는

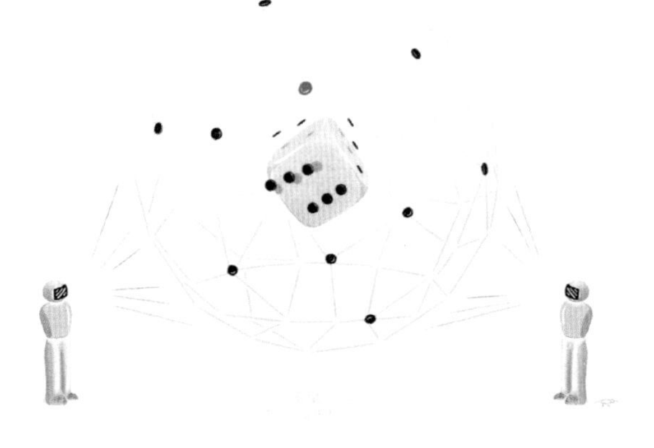

진행성 난치병이다. 가혹한 현실과 마주한 끝에, 그는 부활을 이루어 냈다.

손가락 대신 시선으로 컴퓨터를 조종하는 기술이 그의 활동을 든든하게 받쳐 주었다. 키보드로 문자를 입력하면 인공 음성으로 변환하여 이야기도 나눌 수 있다. 작곡이나 연주도 가능하다.

비록 인공호흡기에 의지해 움직이지 못하는 몸이라 해도 세상과 이어져 있는 모습을 전 세계 사람들에게 보여 줬다.

"무슨 일이든 할 수 있습니다."

PONE은 인터뷰에서 대답했다. 그의 아내 역시 과거를 되돌아보며 '그는 오히려 전보다 더 강해졌다.'라고 말했다.

정도의 차이는 있겠지만, 우리는 일상의 불편함을 테크놀로지로 해소하면서 살고 있다. 시력이 나빠지면 안경을 쓰고 청력이 떨어지면 보청기를 끼우며 의치나 지팡이도 사용한다. 금속제 인공 관절로 운동 기능을 회복할 수 있으며 심장이나 폐, 간 등 생존에 필요한 장기가 심각하게 손상되어도 이식 수술을 하면 살아남을 수 있게 됐다.

패럴림픽에는 전쟁이나 사고로 잃은 다리에 의족을 끼워서 건강한 비장애인에 버금가는 기록을 내는 선수들이 있다. 그야말로 '불가능, 그것은 도전할 수 있다는 가능성'이라는 사실을 몸소 보여 줬다.

이렇게 테크놀로지가 크게 발달한 미래에는 어떤 세계가 펼쳐질까?

몸의 장애나 불편함을 다양한 방법으로 보충하고 거기에 능력을 넓히는 노력까지 거듭하면, 그저 건강한 육신만을 가진 평범한 인간이 '가장 뒤떨어지는 존재'가 될지도 모른다.

뇌과학과 공학을 융합시킨 첨단 기술 '브레인 머신 인터페이스'를 사용하면, 뇌와 컴퓨터를 동기화해서 생각만으로도 장치를 움직이게 할 수 있다. 방에 누워 분신 로봇을 조종하고 화성을 거니는 미래도 절대 불가능하지 않다.

장치를 몸에 심는 세계, 수정란에 게놈 편집을 더해서 특정 형질을 부여하고 뛰어난 능력을 타고나도록 태아를 디자인하는 세계, SF에서나 볼 수 있는 그런 세계가 어쩌면 코앞으로 다가왔을지도 모른다.

인류의 가능성을 테크놀로지로 확장하는 도전과 함께 어디까지 맡겨야 할지 이제는 슬슬 생각할 필요가 있지 않을까? 그것은 '인간이란 무엇인가'를 다시 정의하는 것과도 일맥상통한다.

모르니까 더 재미있다

1980년대에 어마어마한 인기를 얻으며 국민 드라마로 등극한 〈북쪽 고향에서〉에는 UFO가 등장한다. 주인공인 준과 호타루가 다니는 초등학교의 여교사가 사실 UFO를 타고 온 외계인이었다는 스토리다.

이 드라마는 홋카이도 후라노의 대자연 속에서 살아가는 가족의 이야기를 그렸다. 원작과 각본을 담당한 구라모토 사토시 씨는 현지 로케 촬영을 하며 드라마와 실제 시간축을 맞추는 등 리얼리티에 신경 썼다. 그래서 그런지 UFO 이야기가 나오는 회차는 너무 색달라서 처음에 봤을 때는 머리에 물음표가 떴다.

생각해 보면 구라모토 씨는 겸손함을 잊어버린 인간과 문명에 대한 안티테제로써 UFO를 사용한 것이 아닐까? '당신네가 과학 기술로 모든 수수께끼를 해결할 수 있다고? 우쭐대지 마!'라는 메시지 말이다.

2020년 4월, 미국 국방성이 하늘을 초고속으로 이동하는 물체를 촬영한 영상 3개를 공개했다. 몇 년 전에 유출되어 가짜인지 아닌지 화제가 됐던 영상이라 '위조라는 오해를 풀기 위해' 공개했다고 한다.

동영상을 봤다. 오호라, 확실히 '무언가'가 찍히긴 했다. 그것을 지켜보는 파일럿의 목소리도 흥분된 상태다.

애초에 UFO Unidentified Flying Objects란 특징지을 수 없는 비행 물체를 통틀어 불렀던 말인데, 세간에서는 '하늘을 나는 원반=외계인들이 타고 다니는 것'으로 의역해서 정착했다. UFO를 봤다는 둥, 반려동물이 UFO에 잡혀갔다는 둥, UFO의 증거를 정부가 숨기고 있다는 둥 하는 말들은 동서고금을 막론하고 끊이질 않는다.

과학은 대단한 기세로 수수께끼를 풀어내 왔으나 한계도 있다. UFO는 그 점을 잘 파고들어 우리의 호기심을 건드린다. 무한히 펼쳐지는 우주가 무대가 되는 것도 당연하다.

고도 문명을 가진 지구 밖의 지적 생명을 찾아내기 위한 연구는 끊임없이 진행되고 있다. 그들이 보내는 신호를 거대한 파라볼라 안테나로 수신하는 SETI Search for Extra Terrestrial Intelligence라는 프로젝

트가 대표적이다.

생명이 존재하는 지구와 비슷한 조건을 갖춘 천체를 찾는 연구도 활발한데, 이미 3,500개가 넘는 후보가 태양계 밖에서 발견되었다고 한다.

UFO의 정체를 정확히 짚어낼 날이 과연 올까? 그 누구도 알 수 없지만, 중요한 것은 '그다음'이다. 인간들도 서로 삐걱대고 어울리지 못하는데 지구 밖에서 온 손님과 마주하고 대접할 수 있을까?

설령 세상에 오르내리는 UFO가 진짜로 존재한다면, 그것을 조종하는 이들은 무척 신사적인 것 아닐까? 우리를 깜짝 놀라게 하고 재미를 준 다음 조용히 떠나니 말이다.

6월 24일은 미국에서 UFO가 처음으로 확인된 것을 기념하여 만든 'UFO의 날'이다. 그럼 잠깐 하늘이라도 감상해 보자.

사느냐,
죽느냐

어렸을 때는 해수욕이 무서웠다. 물에 빠지는 게 무서웠던 건 아니다. 해수면 아래의 '보이지 않는 세계'에 겁을 먹었다.

바다 저 밑에서 알 수 없는 생물이 튜브를 잡고 헤엄치는 내 모습을 빤히 쳐다보고 있는 건 아닐까? 그런 생각을 하면 왠지 발끝이 움츠러드는 듯 불안한 마음이 들었다.

과학이 바닷속 세계를 조금씩 밝혀내고 있다. 얕은 바다, 심해, 해저, 나아가 그 아래까지 비밀을 밝혀내고 있다. 해저 지하 깊숙이, 1억 년도 더 된 지층에 미생물이 살아 있었다는 사실을 해양연구개발기구팀이 밝혀냈다.

장소는 남태평양. 플랑크톤이 적고 투명도가 높은 해역이다. 수심이 5,000m나 되는 깊은 바다 바닥에 드릴을 꽂아 수직 방향으로

굴삭해서 '코어'라 불리는 시료를 채취했다. 더 밑으로 내려갈수록 더 옛날 시대의 지층이다.

긴 세월 동안 플랑크톤의 배설물이나 사체가 퇴적한 지질은 얼핏 보면 죽음의 세계 같다. 연구팀은 그 단편을 유리병에 넣어 영양분이 포함된 물을 배어들게 하고 산소를 살짝 넣어 관찰했다. 그러자 지질 속 미생물이 증식을 시작했다.

1억 년 전의 지층에 화석이 아닌 생명체가 있었다. 그것만 해도 충분히 놀랄 일인데, 산소나 영양을 얻고 생명 활동을 재개했다니.

그들은 어떻게 목숨을 부지했을까? '죽지 않을 정도로만 살았다'라고 한다면, 말도 안 되게 수명이 긴 것일까? 혹은 휴면 상태에 있었던 것일까? 궁금증이 자꾸만 생긴다.

지구 표면의 70%를 차지하는 바다. 그 바닥에는 '해저 밑 생물권'이 존재하는데, 지구 전체의 생물을 구성하는 탄소 중 약 1%에 해당하는 생명체가 이곳에 살고 있는 것으로 추산된다. 어릴 적에 내가 두려워했던 '미지의 생물'은 역시 존재했다. 게다가 터무니없는 생존 능력을 가진 모양이다.

이러한 생존 능력은 포유류나 조류의 일부에도 있다. 바로 '동면'이다. 얼룩 다람쥐나 겨울잠쥐는 동면 중에 체온이 바깥 기온과 비슷할 정도로 내려가고 호흡수도 확 줄어든다. '사느냐, 죽느냐' 상태로 혹독한 계절을 견뎌내는 것이다.

그 메커니즘은 오랫동안 베일에 싸여 있었는데, 쓰쿠바대학교의 연구팀이 쥐의 신경을 조작해서 동면에 가까운 상태를 만들어 내는 데 성공했다. '동면 스위치'를 찾아내기만 한다면 인간도 곧 동면할 수 있을지 모른다.

우주선에서 동면하는 인간이 천왕성으로 떠나는 SF 같은 미래. 그리 멀지 않은 듯하면서도 무섭기도 하다.

고양이와
개다래나무

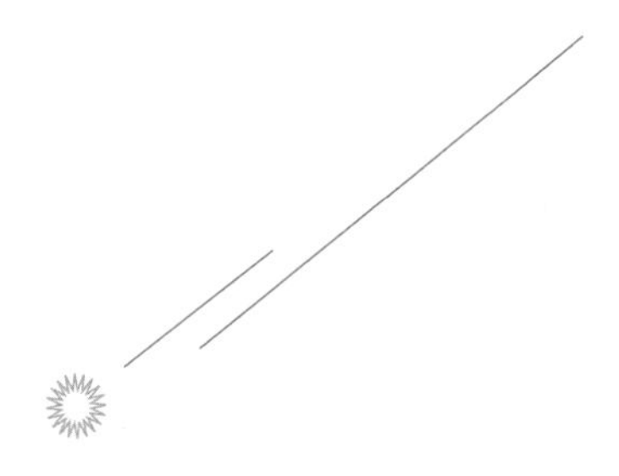

고양이와 개는 앙숙 관계, 고양이 목에 방울 달기, 고양이 쥐 생각, 얌전한 고양이 부뚜막에 먼저 올라간다…. 고양이가 등장하는 관용구를 대라고 하면 몇십 개는 거뜬히 나온다. 그만큼 고양이 이야기는 친숙하다.

동서고금을 막론하고 고양이와 인간 사이에는 끈끈한 연결 고리가 있었다. 고대 이집트에서는 신의 화신으로 여겨지기도 했고, 고양이의 미라도 남아 있다. 일본 헤이안 시대에 쓰인 『마쿠라노소시(베갯머리 서책이라는 뜻의 수필집 - 역자)』에는 그 당시 왕이 총애한 '묘부노오토도'라는 이름의 고양이가 등장한다. 궁중에서 '오키나마루'라는 개가 장난을 친 죄로 심한 벌에 처했고, 오토도의 전속 유모에게는 단속을 하지 못했다는 책임을 물어 근신 처분이 내려졌다.

'고양이에 개다래나무'라고 하면 '매우 좋아하는 것, 즉시 효과가 나타나는 것'을 의미한다. 개다래나무의 잎을 보고 고양이가 기뻐서 몸부림치는 모습을 보고 생긴 속담이다.

이와테대학교와 나고야대학교의 연구팀이 이 '개다래나무 반응'을 과학적으로 해명했다. 개다래나무에는 '네페탈락톤'이라는 물질이 포함되어 있는데, 이 물질은 모기가 접근하지 못하게 하는 효과가 있다. 고양이는 네페탈락톤을 얼굴이나 체모에 문질러서 온갖 전염병을 옮기는 모기에 물리는 것을 막았던 것이 아닐까?

연구팀은 가설을 세우고 실험을 통해 원리를 확인했다. 자세히 알아보니 네페탈락톤에 닿은 고양이의 혈액에는 행복감을 가져다주거나 고통을 억제하는 물질이 늘어나 있었다. 개다래나무를 만진 고양이는 행복감도 느끼는데, 하물며 병까지 막아 준다니 일석이조가 아닌가.

재규어나 표범 등 고양잇과 대형 동물로도 실험을 해 봤더니, 역시 같은 반응을 보였다고 한다. 공통 조상을 가진 둘은 1,000만 년 전에 분리되어 각자 진화했을 것으로 추정된다. 고양이와 개다래나무의 깊은 관계는 1,000만 년 이상 전부터 존재했다고 봐도 좋을 것 같다.

'고양이의 개다래나무 춤(개다래나무의 가지나 가지를 분말로 만든 것을 고양이에게 주면 기뻐서 바닥을 뒹구는데, 그걸 일본에서는 개다래나무 춤이라고 한다-역자)'으로 에도 시대부터 알려져 있던 현상이 마침내 밝혀졌다. 게다가 네페탈락톤은 앞으로 모기를 퇴치하거나 고통을 제어할 때 응용할 가능성도 있다.

자연계는 여전히 수수께끼로 가득하다. 호기심과 과학의 힘으로 그중 하나를 풀어낸 연구자들은 지금쯤 '고양이 손도 빌리고 싶을 정도'로 바쁘게 연구에 매진하고 있지 않을까?

또 한 분의 조상님

우리의 조상은 원숭이다. 약 600만 년 전, 인간은 공통 조상에서 침팬지와 분리되었고, 200만 년 전에는 직립보행을 시작했다. 그리고 호모 사피엔스는 20만 년 전에 출현했다.

신이 인간을 창조했다고 믿는 사람들에게는 이해하기 어려운 이야기일지도 모르겠다. 하지만 침팬지의 게놈(전체 유전자 정보=생명의 설계도)은 우리와 99% 일치한다. 공통 조상을 둔 '옆집 진화 동지' 정도로 생각하면 자연스럽다.

과학은 하루가 다르게 발전한다. 게놈을 정밀 조사하면서 진화의 과정도 추리할 수 있게 되었다. 특히 DNA가 외부의 영향을 받거나 복제 실수를 한 흔적이 단서가 된다.

'신종 코로나에 걸려 중증으로 발전하는 것은 네안데르탈인의

유전인가?'

2020년에 이런 설이 나와 세상을 놀라게 했다. 중증 환자의 유전적 공통점을 조사했더니, 3번 염색체에 특징적인 염기 배열이 보였다. 놀랍게도 5만 년 전의 것으로 추측되는 네안데르탈인의 뼈에서도 같은 정보가 발견되었다고 한다.

네안데르탈인은 호모 사피엔스보다 원시적인 '구인류'이다. 인류사에 등장한 건 약 30만 년 전이며 유럽에서 중동에 걸쳐 분포했고, 4만 년 전에 멸종한 것으로 추측된다.

그러나 그들은 멸종 전에 호모 사피엔스와 교잡했다. 이것도 게놈으로 알아낸 사실이다. 개인차는 있지만, 우리 게놈의 1~5%는 네안데르탈인에게 받았다는 것이다.

구인류와 신인류가 어디서 어떻게 만난 것일까? 서로의 존재를 확인하고 깜짝 놀랐을까? 분쟁이 일어나진 않았을까?

우리는 지금 네안데르탈인을 '재발견'하고 있다. 그들의 삶은 '원시적'이라는 이미지와는 조금 다르다. 불을 사용하고 동지들과 서로 도와 사냥을 했다. 간단한 언어로 소통했고, 매장 습관도 있었다. 추상적인 개념을 벽면에 남기는 등 예술적 이해도 있었던 것으로 보인다.

하물며 우리는 그 피를 이어받았다. 왠지 친근감이 생긴다. 호모 사피엔스와 네안데르탈인은 어떻게 사랑에 빠졌을까? 상상의 나래를 펼쳐본다.

골격을 바탕으로 그린 네안데르탈인의 상상도는 몸집이 작고 체격이 다부지다. 10만 년 전, 아프리카에서 유럽으로 건너간 호모 사피엔스 여성이 네안데르탈인 남성과 만나 사랑에 빠져 아이를 낳았다. 어떻게 그럴 수 있었을까?

조각이 부족한 직소 퍼즐 같지만, 생각하는 인간인 우리 호모 사피엔스가 언젠가 속 시원히 밝혀내 주리라 믿고 있다.

색다른 만남,
색다른 맛

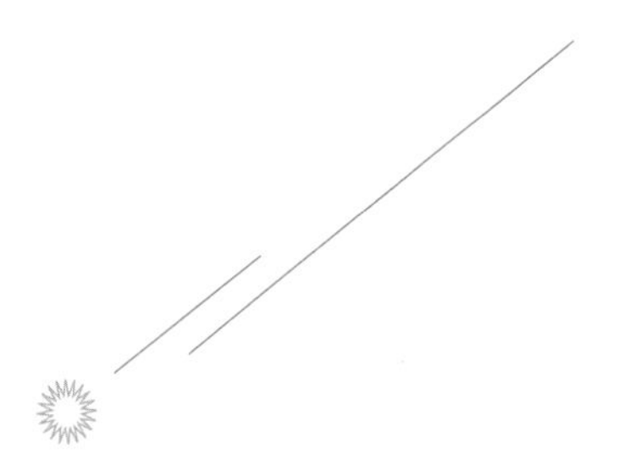

치즈를 좋아해서 자주 먹는다. 평범하게 먹기보다는 색다른 조합을 찾아 도전하는 것도 즐긴다. 요즘에는 '훈제 단무지와 크림치즈'에 꽂혔다. 곶감과 크림치즈도 잘 어울리는 한 쌍이다.

어릴 때부터 사과와 가공 치즈를 같이 먹는 습관이 있었다. 어느 집이나 다 똑같은 줄 알았는데 그렇지 않은 모양이다.

이런 것도 색다른 조합이라고 할 수 있을까? 소니와 혼다가 손을 잡고 전기 자동차EV를 개발하게 되었다. 공동 운영 회사를 설립하고 3년 후에는 신차를 론칭하겠다는 목표를 세웠다. 일본을 대표하는 자동차와 전기 분야 메이커의 만남이 흥미진진하다.

색다른 조합으로 보이지만 사실 두 회사에는 공통점이 많다. 창업자가 엔지니어라는 점, 작은 마을 공장에서 글로벌 기업으로 성장했다는 점, 그리고 독창성을 중시하고 도전을 존중하는 기업 분위기도 꼭 닮았다.

소니의 창업자 이부카 마사루 씨는 혼다의 창업자 혼다 소이치로 씨를 '형님'이라 부르며 따랐다고 한다. 혼다 씨 역시 이부카 씨의 사상에 크게 공감하여 혼다가 개발한 VHS 방식이 표준화가 된 후에도 소니의 베타 방식 제품을 사용했다는 일화는 유명하다.

자동차 업계는 지금 최대 변혁기에 있다. 그 상징으로는 가솔린을 쓰지 않는 EV의 대두를 들 수 있겠다. 엔진은 물론이거니와 자동 운전 기술 덕분에 핸들도 필요 없는 시대가 멀지 않았다. 그런 와중에 혼다는 '혼다의 DNA'를 일단 옆으로 치워 놓고 차의 가치를

다시 묻는 터프 작업을 다른 업계의 메이커와 추진하기로 결정한 것이다.

자동차는 달리는 가전제품이 되어가는 중이다. EV 시장에 뛰어들 방법을 모색하던 소니에도 이번 협업은 마침가락이었다.

제조에서 완전히 날개가 꺾인 일본에서 과연 세계를 깜짝 놀라게 할 '열매'를 맺을 수 있을까?

다른 분야끼리의 만남은 지금껏 과학 기술의 발전을 지원해 왔다. 우리가 매일 쓰고 있는 컴퓨터는 '노이만형'이라 불린다. 그 이름의 주인인 수학자 존 폰 노이만은 수학자들만으로는 성능 좋은 계산기를 만들어 내기가 힘에 부친다고 생각했다. 당시에 구상하던 장치는 특정 계산만 가능했고, 다른 계산을 하려면 배선을 처음부터 다시 하는 등 번거롭기 그지없었다.

그때 노이만은 공학자 줄리안 비글로와 손을 잡았다. 시중에 판매하는 진공관의 사용법을 알아내서 1951년에는 기계를 완성했다. 그 후 범용성이 높고 쓰기 쉽다는 이유로 급격히 보급되었다.

색다른 조합이 의외의 맛을 가져온다는 좋은 사례일 것이다.

박사가 사랑한 기생충

'특이하고 제한이 없으며 매력적이다.'

메구로 기생충관. 기업가 빌 게이츠가 칭찬한 이 사설 박물관은 도쿄도 메구로구에 있다. 40평 정도 되는 전시 공간에는 국내외의 기생충 표본이 나열되어 있다. 성인 남성의 장(소장 또는 대장) 안에서 8.8m까지 성장한 조충과 이를 정교하게 재현한 확대 모형 등 독특한 전시물들이 관람객을 압도한다.

내가 도쿄에서 살기 시작한 25년 전, 처음으로 방문한 박물관이 이곳이었다. 괜히 무서운 걸 보고 싶은 마음에 찾았는데, 집에 갈 때는 친근감이 생겼다.

젊은이, 커플, 고령자, 외국인 여행자 등 박물관을 찾는 사람들은 다양하다. 개발도상국의 공중위생을 지원하는 게이츠도 일본을 방문했을 때, 매우 바쁜 일정을 쪼개서 들렀다고 한다.

소장 중인 표본이 6만 점 이상이고 세계 유수의 컬렉션을 자랑하는 이 박물관은 가메가이 사토루 박사가 재산을 털어서 설립했다.

마을 의사로 생계를 꾸리면서 개관의 꿈만 꾸다가 진료소 건너편 목조 민가에 '메구로 기생충관'이라는 간판을 내걸었을 때가 1953년이었다. 전시품 고작 몇 점만 가지고 시작한 일이었다.

인류와 기생충의 관계는 그 역사가 매우 길다. 고대 이집트의 미라에서는 주혈흡충이 발견되었고, 일본에서 가장 오래된 의학서 『의심방』에 기생충 아홉 종류와 구제 방법이 적혀 있기도 하다.

원래는 기생한 대상에게 해를 입히지 않는 평화로운 생물인데, 다른 동물을 마지막 숙주로 삼았던 기생충이 실수로 인체에 흘러들어오면 골치 아프다. 아프리카 등의 개발도상국에서는 3대 감염증인 말라리아와 더불어 하천 맹목증, 필라리아병 등 기생충 때문에 생기는 병이 지금도 사람들의 건강을 위협하고 있다.

가메가이 박사는 그런 기생충의 생태를 널리 알림으로써 일본의 위생 환경을 향상시키고 싶어 했다. 환자에게서 구제한 기생충과 더불어 박제업자에게 받은 동물의 내장을 해부해서 차츰 표본을 늘렸다. 그는 '아무튼 모든 정열과 금전을 기생충관에 바쳤다.'라며 자서전에서 되돌아봤다.

지금도 항상 연구원이 자리에 앉아 연구 성과를 내보내고 있다.

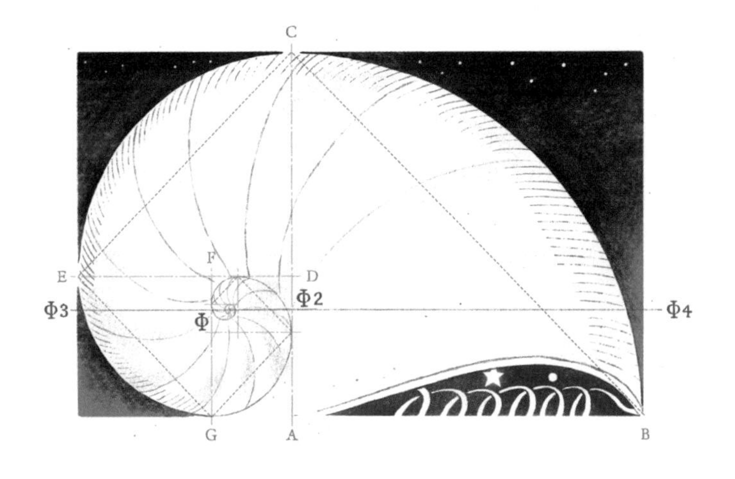

교육이나 계발로 돈을 벌면 안 된다는 견해를 고수하며 입장료는 무료다.

사실 박사는 개성 넘치는 기생충의 세계에 매료되었다. 조충은 몸의 마디마다 생식기를 가졌으며 하루에 몇cm씩 쑥쑥 성장한다. '일본쌍고리기생충'은 유충 두 마리가 합체해서 마치 성충 한 마리인 양 살아간다. 박사는 오래도록 베일 속에 꽁꽁 싸여 있던 수많은 수수께끼를 밝혀내는 데 인생을 걸었다.

현재의 사무장인 가메가이 세이치 씨는 박사의 손자다. 그는 '맹렬히 열정적인 사람이었다'라며 할아버지를 회고했다.

다섯 살 되던 해의 봄에는 장난감도, 그림책도 아닌 작은 밭을 선물 받았다고 한다. '어린이 밭에 대해 알려 드립니다'라는 제목의 편지에는 이렇게 적혀 있었다고 한다.

'씨앗은 직접 뿌릴 것. …부디 조금이라도 생명을 기르는 즐거움을 맛보길 바란다. 메구로 할아버지가.'

작은 생명에 마음을 기울이라니. 자연을 이해하고 '과학을 즐기는 마음'을 키우라는 소망이 배어난다.

기생충관을 매일 같이 드나들며 무아지경으로 현미경을 들여다보던 아이가 연구자로 큰 사례도 있었다.

'다시 태어나도 나는 분명 기생충과 함께할 것이다.'

그는 굳센 결의로 자서전을 마무리했다. 뜻은 계승되었고, 기생충관은 2023년에 70주년을 맞이했다.

자연에 집중하면 수학이 보인다

'원래 그런 거 아니야?'라며 아무도 마음에 두지 않는 현상에 주목하여 스스로 질문하고 답하면서 풀어내는 것이 연구자가 할 일이다.

예를 들어 곤충의 눈은 작은 렌즈인 '낱눈'이 모여서 이루어진다. 그 낱눈이 육각형이나 사각형인 이유를 가나자와대학과 홋카이도 대학교의 연구자들이 밝혀냈다.

그 수수께끼의 열쇠는 '보로노이 다이어그램'이 쥐고 있다. 이 용어는 러시아의 수학자 게오르기 보로노이의 이름에서 따왔다. 평면 위에 랜덤으로 여러 점을 놓고, '어느 점이 최단 거리인가'에 초점을 맞춰 영역을 분할할 때 쓰는 방법이다. 학교 배정을 보로노이 분할로 하면 구역 내의 아이들은 집에서 가장 가까운 학교에 다닐 수 있게 된다.

가나자와대학 연구팀에 따르면, 낱눈이 성장하는 과정에서 서로 겨루어 일정한 형태로 자리 잡아가는 모습을 이 사고법이 잘 설명한다고 한다. 생명의 신비로움을 수학으로 풀어내다니, 이 얼마나 매력적인가?

오사카대학교의 곤도 시게루 교수는 1995년에 열대어의 모양을 둘러싼 수수께끼를 역시 수학의 원리로 밝혀냈다.

'종류가 같은 열대어라도 모양이 조금씩 다른 이유는 무엇일까?'

이런 궁금증을 품은 교수는 영국의 수학자 앨런 튜링이 50년대

에 제창한 '생물의 모양은 파도로 만들어진다'라는 가설에 주목했다. 잊혀 가던 튜링의 논문을 따라서 컴퓨터로 줄무늬의 변화를 예측했다. 그리고 가게에서 열대어를 사와 사육하면서 지켜봤다.

그러자 예측한 대로 줄무늬가 변했다고 한다. '현실인가 염력인가, 가끔은 알 수 없을 정도로 가슴이 떨렸습니다.'라며 곤도 교수는 회상했다.

'자연의 기록은 수학의 언어로 쓰여 있다'라고 말한 사람은 갈릴레오 갈릴레이다. 그 말을 본뜨듯 연구자들은 자연을 주의 깊게 살피고, 그 속에 숨어 있는 법칙이나 진리를 찾아내고자 한다.

마지막으로 하나 더, 자연계에 숨어 있는 수학의 마법을 소개하겠다.

1, 1, 2, 3, 5, 8, 13, 21, 34…. 나란히 있는 두 수의 합이 오른쪽에 오는 수가 된다는 '피보나치 수열'이다. 이탈리아 수학자 레오나르도 피보나치가 토끼 한 쌍이 가족을 늘리는 사고 실험을 통해 발견했다.

신기하게도 꽃잎의 숫자, 나무의 가지가 갈라지는 패턴, 솔방울의 비늘이 만드는 나선 등에서 이 수열을 찾아볼 수 있다. 게다가 숫자가 커질수록 이웃한 숫자의 비율은 '1:1.6'에 가까워진다. 모두 다 잘 알겠지만 아름다운 조형에 공통으로 들어 있는 '황금비'다.

역시 자연과 수학은 떼려야 뗄 수 없는 우정으로 묶여 있는 관계인 듯하다.

0에서 1을 창조하다

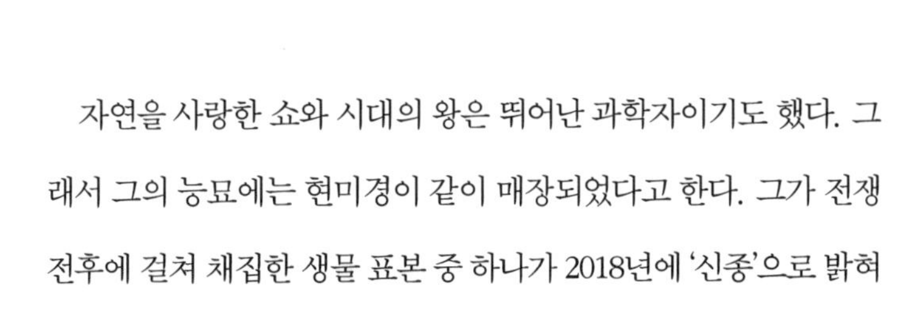

자연을 사랑한 쇼와 시대의 왕은 뛰어난 과학자이기도 했다. 그래서 그의 능묘에는 현미경이 같이 매장되었다고 한다. 그가 전쟁 전후에 걸쳐 채집한 생물 표본 중 하나가 2018년에 '신종'으로 밝혀졌다.

삼천발이는 심해에 사는 불가사리와 비슷한 종인데, 이 생물의 신종이 발견된 것은 무려 106년 만의 쾌거였다. 이 사실을 알아낸 사람은 바로 오카니시 마사노리라는 당시 도쿄대학교 특임 조교(현재 히로시마 수도대학 조교)고, 삼천발이 전문가다.

그는 어릴 적부터 '미지의 생물'을 보면 마음이 설레는 아이였다. 그리고 신종에 이름을 붙이는 분류학의 길로 나아갔다.

그러나 분류학은 거액의 이익과는 인연이 없다. 연구비 혜택도 받지 못해 1년에 고작 10만 엔 정도만 가지고 연구를 진행하는 날들이 이어졌다.

지원 사격에 나선 사람은 어려운 사정을 잘 아는 친구 시바토 료스케 씨다. 시바토 씨는 연구에 특화한 크라우드 펀딩 사이트 '아카데미스트'의 창설자이다. 그는 제1호 지원처로 오카니시 씨를 선택했다.

DNA 해석 등 최신 수법을 사용해서 비밀에 싸인 삼천발이를 분류하는 데 도전한다는 오카니시 씨의 계획에 공감한 사람들이 목표를 웃도는 63만 엔을 기부했다.

'시바토가 없었으면 이 발견은 없었다.'라고 오카니시 씨는 말하지만, 시바토 씨는 '삼천발이'와 만나지 않았더라면 아카데미스트는 없었다고 회답했다.

대학원에서 이론물리학을 수료한 시바토 씨는 과학자와 사회를 잇는 지금의 일이 너무나도 즐겁다고 한다. 설립 후 5년 동안 109건을 다뤘고, 총액 1억 엔을 모았다. 약 9,000명에 이르는 기부자들의 대부분은 지적 호기심이 충만한 일반인들이다.

'0에서 1을 만들어 내는 연구를 지지한다'고 말한 시바토 씨. 시대를 초월해 지켜 온 지적 활동을 발굴해서 키워 내는 그의 일 또한 0에서 1을 만들어 낸다.

2

숲, 장작, 그리고 사람

열대 우림에도 같은 시간이 흐른다

칸디루.

칠칠치 못하게 강 쪽을 향해 볼일을 보고 있던 사람의 암모니아 냄새를 맡고 물속에서 불쑥 튀어나와 중요 부위를 물고 늘어지는 이것. 게다가 요도를 타고 들어가 온몸을 구석구석 들쑤시며 먹어 치운다는 무시무시한 이것은 '흡혈 물고기'다.

정말로 흡혈 물고기가 존재하는지 묻는다면 확실하진 않지만, 대단한 생물이 아마존에 살고 있다는 생각을 하니 글을 읽는데 엉덩이가 근질거렸다.

아마존 열대 우림의 면적은 일본 열도가 10개 넘게 들어갈 정도로 크다. 연평균 기온은 25도 전후. 햇빛과 비를 듬뿍 흡수하여 자란 나무들이 활발히 광합성을 하고 대량의 산소를 방출한다고 해서

'지구의 폐'라고도 불린다.

그곳에는 300만 종이 넘는 생물이 살고 있다고 한다. 그야말로 '생명의 수프'와 같은 세계다. 그중에는 사회와 접촉을 끊고 사는 선주민족도 있다. 그들은 우리가 상상하지도 못할 세계관 속에서 살아가고 있다. 인공위성이 우주에서 한 사람 한 사람의 얼굴 생김새까지 구분할 수 있는 시대에 아무에게도 알려지지 않은 채 살아가는 숲속 주민들이다.

'온갖 것들이 조사되고 측량되고 이해되는 현대에서 이 강은 우리가 이미 안다고 믿는 것들에 의문을 던진다.'

제목에 이끌려 읽어 본 『끓어오르는 강』에는 이런 글귀가 적혀 있었다. 저자인 안드레스 루소는 젊은 과학자다. 그는 어릴 적 할아버지에게 들은 전설을 확인하기 위해 아마존으로 들어갔다. 그리고 수증기가 자욱하게 올라오는 수온 86°C의 강이 실제로 존재한다는 사실을 확인했다.

아마존에 대해 내가 아는 지식은 오로지 탐험기에서 얻은 것들뿐이다. 책을 펼치면 눈이 번쩍 뜨이는 미스터리 가득한 세계를 만날 수 있다.

그 아마존이 위기에 처했다고 한다. 브라질은 전 세계 열대 우림의 60%를 차지하고 있다. 자연 보호보다 경제 성장을 우선시했던 자이르 보우소나루 대통령은 재임 당시 열대 우림의 난개발을 묵인했다. 열대 우림은 불에 태워져 벌거숭이가 된 상태에서 토지가 개발되었다.

화재는 지구 온난화를 가속했고, 세계는 살 곳을 잃은 야생 동물들을 걱정하고 있다. 그러나 브라질은 '우리나라 일은 우리가 정한다'라는 구실만 내세운다.

열대 우림이 사라진다는 건 환경 문제 이상의 타격이다. 만원 지하철에 몸을 구겨 넣고 콘크리트 건물에서 잠을 자며 일정을 소화하기에 급급한 삶과는 상반된, 문득 지구 저 깊숙한 정글에서 숨 쉬고 있을 생명을 생각해 본다.

칸디루나 나무늘보, 그 모습을 조용히 바라보는 선주민족의 눈동자를 떠올리면 마음속은 고요한 바다처럼 차분해진다. 아득히 먼 나라의 이 공간에서도 나와 똑같은 시간이 새겨지고 있다는 사실에 더없는 만족감이 드는 것이다.

피어라, 져라,
인간의 뜻대로

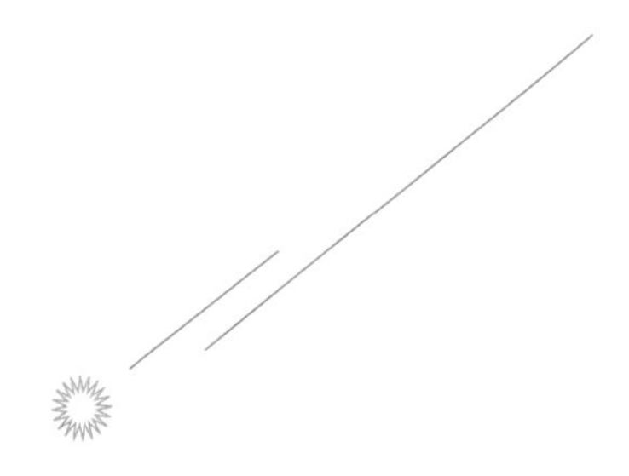

'사쿠(핀다는 뜻의 일본어-역자)'라는 동사에 밝은 울림을 가지는 접미어 '라'를 붙인 사쿠라(벚꽃의 일본어-역자). 국화꽃과 어깨를 나란히 하는 일본의 국화이며 봄의 상징이다.

꽃 한 송이 한 송이는 가련하지만, 활짝 피면 가지가 휠 정도로 현란하다. 푸른 하늘 아래 봄 안개 속에서 희미한 빛을 두르듯 피는 모습도, 미련 없이 떨어지는 모습도 좋은 정경이다.

100종류가 넘는다는 벚꽃 중에서 가장 잘 알려진 품종은 왕벚나무일 것이다. 에도 시대에 소메이 마을에서 태어난 원예 품종이다. 기르기 쉬운 데다가 어린나무에서도 꽃이 피기 때문에 전국으로 퍼져 나갔다.

근래에 유전자 해석을 통해 조상이 에도히간자쿠라와 오시마자

쿠라의 잡종인 것으로 특정되었다. 그리고 전국 각지의 왕벚나무가 거의 같은 조상을 가졌다는 사실도 밝혀졌다.

매우 한정적인 원종 집단에서 꺾꽂이를 반복해 퍼져 나갔다고 한다. 몇천 그루, 몇만 그루의 왕벚나무가 한꺼번에 피었다가 한꺼번에 지는 것도 원래는 같은 개체이기 때문으로 추측된다.

가지를 잘라서 땅에 심으면 이윽고 뿌리를 내리고, 원래 나무와 같은 유전자를 가진 복제 개체로 성장한다. 생물학에서는 이것을 '클론'이라고 부른다.

동물에도 클론은 존재한다. 대표적인 예가 일란성 쌍둥이다. 난자와 정자가 만나 수정을 한 후 그 수정란이 우연히 2개로 분열되어 각각 개체로 성장하는 것이다. 같은 DNA를 나눈 쌍둥이는 각각 상대방의 클론이라고 할 수 있다.

우연이 아닌 인위적으로 클론 동물을 만드는 기술은 20세기 후반에 확립되었다. 복제하고 싶은 개체의 세포에서 유전 정보DNA가 채워진 핵을 꺼내고 미수정란의 핵과 교환한다. 전기 자극을 계속 주어 분열하는 상태로 만든 후, 수양부모의 자궁에 넣어 기른다.

육질이 좋은 소가 있다고 하자. 그 형질을 수컷과 암컷이 만나 일반적인 방법으로 번식하려고 하면 일정 확률로 '꽝'이 나온다. 그러나 클론이라면 이론상 충실히 재현할 수 있다.

해외에는 반려동물과 이별하는 게 아쉬워 주인의 부탁으로 클론 개체를 만드는 사업이 있다고도 한다.

클론 기술로 멸종 동물을 부활시키는 연구도 진행되고 있다. 그 중 하나가 매머드 부활 프로젝트다.

여기서는 영구 동토에서 동결 상태로 발굴된 매머드의 체세포를 사용한다. 세포에서 핵을 꺼내 코끼리 난자의 핵과 바꾸고, 코끼리의 자궁으로 이식해서 출산하게 하는 것이다.

성공 사례는 아직 없다. 야심 찬 연구지만, 1만 년 전에 멸종된 데는 이유가 있을 것이다. 그럼에도 인간의 호기심만으로 부활시키는 것에 어떤 의미가 있는지 먼저 생각해야 하지 않을까?

'탄소 중립 사회',
꿈인가, 신기루인가

대기 중의 이산화탄소 CO_2 를 줄이는 '탄소 중립'의 움직임이 점점 퍼지고 있다. CO_2를 비롯한 온실 효과 가스가 지구 온난화를 일으킨다고 인식하기 시작한 것은 1970년대의 일이다. 그러나 당시에는 과학자들 사이에서도 위기의식이 희미했다.

그러다가 1990년대에 접어들고 나서야 국제 정치 사항으로 다뤄졌다. 1997년에 채택된 '교토 의정서'에서는 선진국의 CO_2 배출 삭감이 의무화되었다.

그런데 과연 실행되었을까? 대답은 'NO'이다. 그 당시에 배출량을 줄이라는 말은 편리하고 풍요로운 삶을 내려놓고 경제 성장을 포기하라는 의미였으니 말이다.

그러던 와중에 지구 환경은 속수무책인 지경에 이르렀다. 사람들은 열파에 목숨을 잃었고, 가뭄이 기근을 일으켰으며, 호우로 도시 기능이 마비되었다. 이런 사건들이 해마다 세계 어딘가에서 일어나고 있다.

2015년에 '파리 협정'이 생겼다. 이때는 개발도상국부터 신흥국까지 모두 같이 온난화 대책을 펼치기로 약속했다.

2021년 가을, 영국 글래스고에서 열린 유엔기후변화협약 당사국 총회COP26에서는 3대 배출국인 중국, 미국, 인도를 포함한 전 세계가 '탄소 중립'의 의사를 확인했다.

'파리에서 경기장이 만들어지고, 글래스고에서 레이스가 시작되고, 오늘 밤 그 신호탄이 울렸다.'

미국의 존 켈리 대통령 특사는 이렇게 선언했다.

탄소 중립. 단순한 울림에 비해 달성을 향해 가는 길은 상당히 험난하다. 단지 교토 의정서 시절과 다른 것은 CO_2의 배출 삭감뿐 아니라 '회수'를 위한 비즈니스가 잇따라 등장하고 있다는 점이다.

'Carbon Capture and Storage(탄소 회수, 저류)'의 머리글자에서 따와 'CCS'라 불리는 기술이 그중 하나다. 수법은 다양하지만, 스위스에는 대기 중의 CO_2를 회수하는 상용 플랜트가 등장했다. 회수한 CO_2는 지하 파이프를 통해 농업용 하우스에 공급된다. 채소는 그걸로 광합성을 해서 자란다. 수확량이 10% 정도 늘어나는 효과도 있었다고 한다.

인간은 행동할 때 절약하거나 인내하는 '뺄셈'보다, 새로운 물건이나 서비스를 추가하는 '덧셈'을 더 좋아하는 모양이다. 재활용이나 CCS 사업이 그 전형적인 사례다.

하지만 이들은 어디까지나 보조적 수단이라는 점을 잊어서는 안 된다. 현시점에서는 비용이 많이 드는 데다가 장기적으로 효과가 있을지 불확실한 부분도 많다. 기술만 믿고 자원을 낭비하는 라이프 스타일은 추천하지 않는다.

'지구는 자손들에게 빌린 것'

미국의 선주민들에게 계승되는 사상이다. 미래 세대에게 건강한 지구를 물려주고자 방법을 마련하는 것은 현재를 사는 우리들의 책임이다.

바나나로
지구의 현재를 생각하다

주변에 너무 많아서 고마움을 잊기 쉬운 것에는 무엇이 있을까? 공기나 물, 가족이나 고향은 그 전형적인 예일지도 모르겠다.

바나나는 어떨까? 새벽에도 편의점에 가면 살 수 있고 값도 저렴하며 영양가도 있다. 총무성의 가계 조사에 따르면, 일본 국민이 가장 많이 먹는 과일은 사과도 귤도 아닌 바나나라고 한다. 생각지도 못했다. 깜짝 놀라서 여러 가지 조사를 해 봤다.

일본에 유통되는 바나나는 연간 100만 톤 남짓이고, 대부분이 수입품이다. 오키나와나 가고시마 일부에서도 재배되기는 하지만, 전체의 0.1%도 채 되지 않는다.

수입 바나나의 70% 이상은 필리핀산이다. 그밖에 에콰도르, 멕시코, 과테말라 등에서도 수입한다.

다양한 종류의 바나나가 가게에 진열되어 있는 풍경은 해외에서 생산과 수송이 수월하게 이루어지는 덕분이다. 그런데 그 일상이 흔들리기 시작했다.

필리핀 정부가 수입원인 일본 소매업 협회에 '소매가를 올려 달라'며 이례적인 요청을 했다. 코로나바이러스로 세계적인 공급망에 혼란이 일어난 상황에서 우크라이나의 전쟁까지 더해졌다. 비료나 연료 가격이 껑충 뛰어올라 원래 가격으로는 생산 현장을 꾸려 나갈 수가 없다는 이유다.

계산이 서지 않는 상황이 이어지면 폐업하는 생산자가 줄줄이 생길 테고, 품질이나 생산량에 영향을 줄 수 있다. 현지에서 보낸 탄원서에는 그렇게 적혀 있었다.

식료품 가격 인상이 연쇄적으로 이루어지니 '바나나 너도냐….'라며 푸념을 하고 싶지만, 저 멀리 외국에서 이곳으로 오는 이 과일의 적정 가격이 얼마인지 생각할 때다.

일본 정부가 바나나 시장을 자유화한 1963년까지 바나나는 고급 과일이었다. 1960년에 딸을 낳은 엄마가 "수고했다며 바나나 한 송이를 받았는데 그렇게 기쁠 수가 없더라."라며 추억하듯 말했다.

샐러리맨의 월급이 1만 엔 대였던 시대에 바나나 가격은 한 개에

50엔이었다. 현재 물가로 환산하면 하나에 1,000엔 정도인 셈이다. 서민들에게는 '사치품' 그 자체였다.

지속 가능한 삶을 지구 규모로 실현하기 위한 SDGs(지속 가능한 개발 목표)를 떠올려 보자. 수입 바나나에 적정한 값을 지급하는 것은 '빈곤을 없애자', '모든 사람에게 건강과 복지를', '사람과 나라의 불평등을 없애자'라는 목표를 이루는 것과도 연결된다.

무럭무럭 자라 생기가 넘치는 노란색 바나나를 손에 든 사람이 누구든 행복해지기를 기원하며 행동하는 계기가 됐으면 좋겠다.

오가사와라의 음색

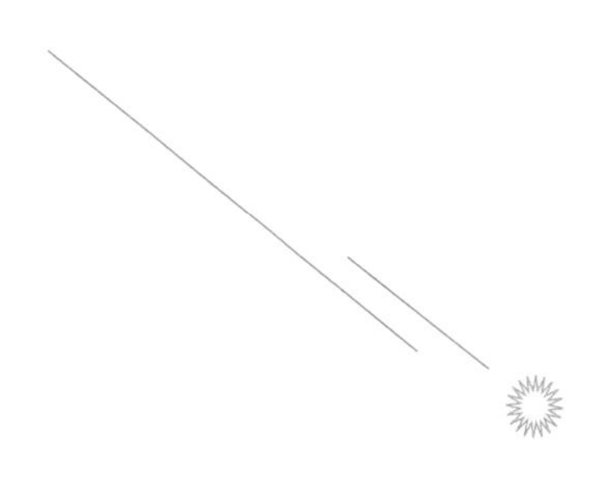

둥글고 부드러운 곡선을 뽐내며 붉은 나무껍질에 광택이 감도는 모습이 사랑스럽다.

"세상에 하나밖에 없는 거예요."

크리에이티브 디렉터인 고미야마 마사아키 씨가 고이 모셔 놓은 클래식 기타를 보여 줬다. 그 이름도 '발레리나'다. 세계 자연 유산인 오가사와라 제도에서 애물단지 취급을 받는 '비숍우드'로 만든 것이라고 한다.

오가사와라의 비숍우드는 1900년경 오키나와에서 가져왔다. 번식력이 왕성하고 성장이 빠른 덕분에 연료로 사용되며 오가사와라의 제당 산업을 뒷받침했다. 이윽고 산업 구조가 바뀌면서 더 이상 쓸 일이 없어지자, 재래종을 압도하며 무시무시하게 늘어났다.

오가사와라는 동떨어진 환경에 형성된 독자적인 생태계가 재산이다. 비숍우드는 이제 '침략적 외래종'인 것이다.

음악업계에서 오래 활동해 온 고미야마 씨는 2017년에 현지 주민이 벌초한 비숍우드를 처분하는 데 애를 먹고 있다는 사실을 알았다. 그때 머리를 스친 것이 악기 제조였다. 어렸을 적 나무 깎기 장인인 할아버지로부터 산에 대한 고마움을 늘 들었던 터였다. 사람들의 이기심에 베어져 나간 비숍우드를 사람들에게 감동을 주는 악기로 다시 태어나게 할 수는 없을까?

분석했더니 목질은 기타 등에 사용되는 로즈우드나 마호가니와 비슷했다. 둘 다 고갈이 걱정되는 고급 재료다.

다행히 오가사와라의 지치지마 섬에서 비숍우드 활용 방안을 모색하던 요코야마 고이치 씨로부터 재목으로 만든 건조한 재료를 제공받았다. 기타 장인을 설득해서 2년 동안의 시행착오 끝에 탄생한 것이 이 '발레리나'다.

부추기길래 손으로 튕겨 봤다. 왠지 딱딱한 음색이다. 고음역대가 잘 뻗어나간다.

"일류 장인의 손에서 다시 태어난 일본의 비숍우드를 일류 수공예 제품으로 만들고 싶습니다."

고미야마 씨는 그런 꿈을 그린다.

사지 않고
버리지 않는 사업

나는 삼 남매 중 막내로 물려받은 옷만 입으며 자랐다.

대부분은 언니나 오빠나 이웃집 아이들이 입었던 헌 옷이었다. 몸집이 작았던 탓인지 동급생들에게도 받았다.

교복도 마찬가지다. 상의 안쪽에 모르는 사람의 성이 자수로 새겨져 있던 게 기억난다. 아무리 그럴싸하게 자수를 넣어 봤자 어차피 헌 옷이다. 새 옷을 실컷 받을 수 있는 외동들이 부러웠다.

어른이 되어 옷을 살 수 있게 되자 새로운 고민이 생겼다. 옷을 사고 몇 번 입는 사이에 또 새 옷을 갖고 싶어졌다. 그렇게 입지도 않았는데 질려 버리다니. 하지만 버리진 못하고 옷장만 차지하는 신세가 됐다. 아까워서 팔려고 내놓으면 온통 싸구려들뿐이다!

그래도 대량 소비 문명은 끊임없이 새로운 상품을 보여 주며 사람들을 유혹한다. 자본주의사회에 사는 한, 이 스트레스에서 자유

로워질 수 없다.

얼마 전에 참가한 행사에서 새로운 길이 있다는 걸 알았다. '서큘러 이코노미(순환 경제)'는 유럽에서 시작해 전 세계로 확산되어 주목도가 높아지고 있다.

가장 먼저 이 개념을 가르쳐 준 사람은 야스이 아키히로 씨다. 환경 선진국 네덜란드에 살면서 많은 사례를 취재하여 『서큘러 이코노미 실전』이라는 책도 썼다.

"예를 들면 이거예요."라며 입고 있던 청바지를 보여 줬다. '머드진'이라는 브랜드인데, 사는 게 아니라 '빌려서' 입는단다. 싫증이 나면 다시 돌려주면 되고, 구멍이 날 때까지는 입어도 된다. 마지막에는 제조사에서 인수해 섬유로 돌려 청바지로 재생한다.

'많은 청바지가 1년 만에 옷장에 처박힌다'라는 조사 결과를 보고 탄생했으며, 재활용을 전제로 만들어진 사업이다. 예를 들어 뒤쪽의 가죽 라벨은 처음부터 붙이지 않는다. 되도록 오래 입을 수 있도록 지퍼를 버튼으로 만드는 등 독자적인 디자인도 있다.

'사지 않는다. 계속 쓴다. 쓰레기를 만들지 않는다.' 그것이 서큘러 이코노미의 핵심이라고 야스이 씨는 말한다. 그 정신을 실현하면서 사업으로도 유망하다면 만만세가 아닐까?

파괴적 이노베이션

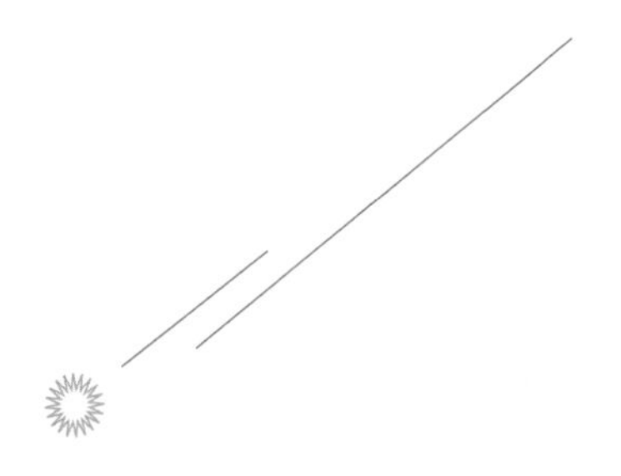

지방으로 출장을 가게 돼서 오랜만에 찬장 안쪽에 묵혀 뒀던 콤팩트 카메라를 꺼냈다.

'카메라를 손에서 놓지 마라. 셔터 찬스를 놓치게 될 테니.'

새내기 기자 시절에는 그렇게 훈련받았다. 스마트폰이 일반 카메라의 성능을 뛰어넘는 요즘 시대에는 설득력이 떨어지는 가르침이 되어 버렸지만….

우려한 대로 카메라는 요지부동이다. 리튬전지를 충전해 넣어 봤지만 소용이 없다. 불량의 원인은 전지인가, 충전기인가, 아니면 본체인가.

가까운 가전 마트에 수리 센터가 있는 걸 떠올리고 나가 봤다. 20대 후반으로 추정되는 남자 직원을 붙잡고 물어봤다.

그 청년은 카메라 품번을 들고 있던 컴퓨터에 타닥타닥 넣더니 억

양 없이 담담한 톤으로 말했다.

"아, 이건 생산 중지된 지 꽤 오래된 상품이라 수리가 어려울지도 모르겠네요."

"본체가 아니라 충전 쪽 고장일 수도 있지 않을까요?"

내가 물러서지 않자 청년은 말했다.

"그럼 일단 접수할게요."

진단하는 데 돈이 드는지 물었더니 접수를 해봐야 알 수 있다는 대답이 돌아왔다.

'오래됐으니까 새 걸로 좀 사지 그래?' 마치 이런 마음의 소리가 들리는 듯한 꽉 막힌 대응에 어이가 없어 그곳을 떠나 곧장 카메라 매장으로 향했다.

50~60대로 보이는 남성 직원은 자초지종을 듣더니 "전지 때문에 안 움직이는 거네요. 중앙 부분이 살짝 부풀어 있잖아요. 이건 낡았다는 증거거든요."라며 정확하게 원인을 짚어 냈다.

서랍장 안쪽에서 같은 기종의 배터리를 꺼내 와 내가 갖고 간 충전기에는 문제가 없다는 걸 확인한 후에 카메라도 양호한 상태라는 것까지 일사천리로 확인해 주었다.

"깨끗하게 잘 쓰셨네요. 아쉽게도 단종이 된 제품이지만, 리튬전지만 교환할 거면 타사 제품을 쓸 수 있어요."라며 손수 쇼핑 사이트까지 찾아주었다.

수리 센터의 청년과는 경험과 지식수준이 다르다. 제품에 대한 애정과 프로 의식에도 감탄했다.

부품을 공통화하지 않은 채 신기종을 잇달아 출시해서 단종이 생기게 하는 메이커의 책임은 무겁다고 생각한다. 아무리 카메라가 스마트폰으로 대체되고 있다지만, '망가지면 고쳐 쓰는 문화'를 만들었던 장본인이 그걸 부정하는 것이나 마찬가지다. 방치된 사용자는 구제할 길이 없다.

자동차가 발명되면서 거리의 마차를 몰아냈듯이, 파괴적 이노베이션은 기존에 있던 기술을 무력화한다. 그때까지 주류였던 상품이나 서비스는 잊혀 가고, 때로는 방대한 쓰레기가 된다. 자본주의가 안은 고질병이라고 해도 좋다.

바로 얼마 전에도 통신회사의 안내에 따라 Wi-Fi 라우터를 5G 대응 기종으로 교환했다. 필요가 없어진 기존 제품을 매장에 갖다주러 갔더니, "고객님이 사신 거라 저희는 받을 수 없습니다. 태우지 않는 쓰레기로 버리시면 됩니다."라는 것이다.

그렇게 편리해지지 않아도 되니까 이노베이션은 쉬엄쉬엄 왔으면 좋겠다. 나만 그렇게 생각하는 걸까?

파타고니아의 결단

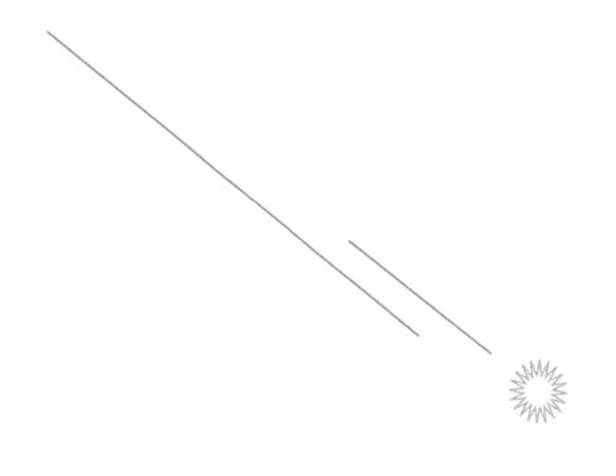

죽기 전에 가 보고 싶은 장소 중 하나로 '파타고니아'가 꼽힌다. 나라 이름은 아니다. 남미의 아르헨티나와 칠레에 걸쳐 있는 남위 40도 이남 지역을 이렇게 부른다. 빙하와 고산, 끊임없이 부는 열풍 속에 통이 넓게 퍼지는 바지를 입은 가우초가 말을 몬다.

파타고니아를 꿈꾸며 이를 브랜드 이름으로 쓴 사람은 미국의 이본 취나드 씨다. 아웃도어 브랜드 창업자이자 서퍼, 등산가인 그는 발행이 끝난 파타고니아의 소유 주식을 모두 기부한 것으로 화제가 됐다.

주식은 원래 비공개로 본인과 가족이 보유했다. 뉴욕 타임스에 따르면 당시 시가 총액은 30억 달러였다. 그는 앞으로도 회사 매출에서 재투자분을 제외한 모든 이익을 환경 단체에 기부하겠다고 밝혔다.

그의 경영 철학은 『파도가 칠 때는 서핑을』이라는 자서전에 자세히 나와 있다. 지구가 없으면 당연히 인류도 존재할 수 없다. 우리가 유일하게 살 수 있는 지구를 더럽히거나 공급 능력을 초과할 정도로 자원을 낭비해서는 안 되며, 그러한 행위를 부추기는 기업 활동 역시 용납되어서는 안 된다는 생각이다.

지금까지도 취나드 씨는 자사의 간판 상품 사진에 '이 상의를 사지 마'라고 크게 박은 광고를 내걸거나, 영업 상황과 상관없이 매출액의 1%를 기부하는 제도를 창설하는 등 그의 신념을 구체적으로 드러내 왔다.

그의 자서전에는 1990년대에 일어난 사건도 소개되었다.

사업이 성공해서 급성장을 이뤘지만, 창업 당시의 뜻을 잃을 것만 같았던 취나드 씨는 컨설턴트에게 상담했다. 왜 파타고니아를 경영하느냐는 질문에 '환경 보호 단체에 기부할 돈을 만들기 위해'라고 대답하자, "참 실없는 소리네요."라며 일축을 받았다고 한다.

"기부를 하고 싶으면 1억 달러에 회사를 팔고 기금을 만드세요. 그걸 운용해서 이익이 생기면 환경 보호 활동에 기부금으로 돌릴 수 있잖아요."

하지만 취나드 씨는 이 조언을 받아들이지 않았다. 매수가 성립

했다 해도 인수한 사람이 경영 이념을 지켜준다는 보장도 없고, 운용 이익은 경제 상황에 좌우된다. 무엇보다도 그는 자연과 맞닿아 있는 제품을 만드는 일을 사랑했다.

이번에 취나드 씨는 1억 달러의 30배에 달하는 금액을 기부했다. 그만큼 코앞에 닥친 환경 위기를 심각하게 받아들였다. 그의 행보는 기업이 사회에서 어떤 역할을 해야 하는지도 다시금 생각하게 했다.

'파타고니아'의 웹사이트에는 '이제 지구가 우리의 유일한 주주입니다.'라는 메시지가 있었다.

환경 윤리에 따른 경영으로 이윤을 올리면 직원들과 소비자는 미소를 짓고 주주와 지구는 기뻐한다. 지구상에는 얼마나 많은 기업이 이를 실현하고 있을까?

SDGs(지속 가능한 개발 목표) 배지를 달고 대충 하는 척만 하는 사장은 이런 걸 보고 배워서 진정성을 보여줄 때다.

오버슈트

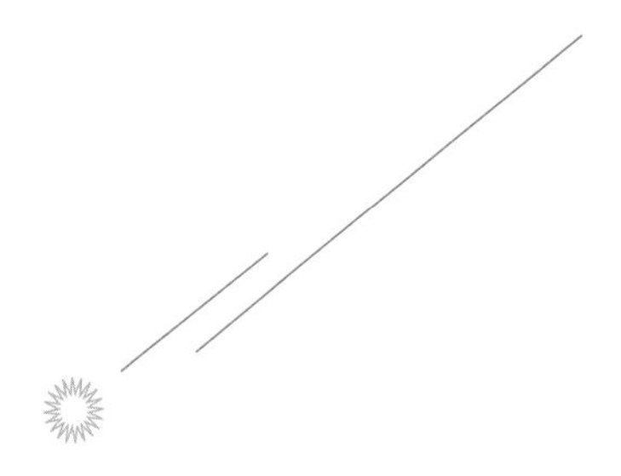

2022년도에 세계 인구는 80억 명을 돌파했다. 국제 연합 인구 기금에 따르면 70억 명을 돌파한 것은 2010년이었다. 12년 동안 무려 10억 명이 늘어났다는 계산이다.

현생 인류인 호모 사피엔스가 등장한 이래로 세계 인구의 증가 추세를 그린 그래프가 기금의 웹사이트에 실려 있다. 약 20만 년 전부터 변동이 없거나 완만한 증가 추세를 이어 온 인구 커브는 19세기경에 급상승했다. 마치 로켓 같다. 코로나바이러스 때 감염자가 폭발적으로 증가했던 '오버슈트' 현상과 비슷하다.

인구가 급격히 늘어난 배경에 산업혁명과 그것을 만들어 낸 과학기술의 발전이 있다는 것은 명백하다.

기원전부터 시작됐다는 농경이나 목축은 기후 등 외부 조건에 좌우되는 경우가 많았다. 근대에 이르러서는 화학 비료가 발명되었고 농업의 기계화가 이루어졌다. 식량 생산이 비약적으로 늘어나면서 많은 사람이 굶주림의 공포에서 해방되었다.

의학 발전의 공헌도 한몫했을 것이다. 병의 구조가 밝혀졌으며, 종두나 항생 물질은 치명적인 감염증을 '막거나 고칠 수 있는 병'으로 바꾸었다.

그리하여 인구는 근래 100년 만에 4배로 늘어난 것이다.

인류의 번영은 반가운 일이다. 하지만 한편으로는 '이렇게 많은 인구를 과연 지구가 감당할 수 있을까?'라는 걱정도 생긴다.

당연한 말이지만 지구라는 시스템에는 한계가 있다. 한정된 자원을 모든 인류가 잘 나눠서 고갈되지 않도록 계속 쓸 수 있을까?

국제 환경 NGO가 계산한 바에 따르면, 인류는 현재 지구가 1년 동안 공급할 수 있는 자원의 1.7배를 소비하고 있다고 한다. 1월 1일에 '준비, 시작!' 하고 쓰기 시작해서 12월 31일에 정확히 다 쓴다면 간신히 합격이다. 하지만 1.7배의 페이스라는 것은 1년 동안 써야 할 자원을 7월 28일에 다 써버리는 꼴이 된다.

NGO는 이 날짜를 '어스 오버슈트'라 이름 짓고, 각국의 상황에 맞춰 산출했다.

예상대로 산유국이나 선진국일수록 성적이 나쁘다. 2023년에 가장 빨리 '그날'이 온 나라는 카타르로 2월 10일, 미국은 3월 13일, 일본은 5월 6일이었다.

'네? 매사에 뭐 하나 쓰는 것도 아까워하면서 살고 있는데요?'라며 반론하고 싶어질지도 모른다. 하지만 물도, 전기도, 식품도 돈만 내면 자유롭게 얻을 수 있는 삶 자체가 상당히 사치스러운 환경이라는 사실을 우리는 인식해야만 한다.

보유한 자원이 많지 않다고 해서 수입 시 타국에 밀리지 않으려고 무조건 돈을 많이 벌자는 것은 단기적인 생각에 불과하다. 만약 그렇게 되면 인구가 많이 늘어나는 저소득국 사람들의 삶은 점점 더 혹독해진다. 그리고 결국엔 난민이나 분쟁이라는 형태로 평화를 위협하는 결과를 낳는다.

지구는 하나다. 인류는 형제다. 그 사실을 명심하도록 하자.

과식은 이제 그만

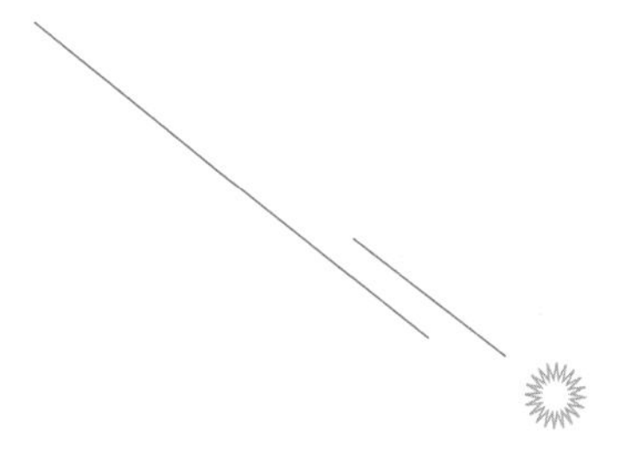

새해를 여행지에서 맞이하는 것이 근래 십몇 년 동안 습관이 되었다. 신정에 홀로 있는 딸이 딱했는지, 부모님이 새해 여행에 불러준 다음부터 시작되었다.

온천에 몸을 담그고 저녁을 배불리 먹고 나면 가지런히 깔린 이불에서 실컷 잠을 잔다. 아침에 눈을 뜨면 따뜻한 방에 오세치 요리(설에 먹는 특별한 요리-역자)가 차려져 있다. 1년에 한 번 누릴 수 있는 호사다.

하룻밤을 더 자게 되면 맥주 캔과 컵라면을 사 와서 개지 않은 이불 위에 앉아 유카타를 입은 채로 보낸다. 아버지가 돌아가시고 나서도 이렇게 어머니와 둘만의 여행을 이어가고 있다.

딱 한 가지, 나이가 들수록 진수성찬을 깨끗이 비우지 못하게 됐다는 게 마음에 걸린다.

이번 신정 때 잡은 숙소는 게가 유명한 곳이었다. 회로 된 게나 삶은 게, 구운 게를 종류별로 푸짐하게 대접을 받았다. 그것만 해도 배가 불러 형형색색의 술과 생선회와 생선찜에는 손도 대지 못했다. 마무리로 게죽도 먹고 싶었는데 위에서 받아들이질 못했다. 참 맛있어 보였는데 연휴 내내 아쉬웠다.

일본에서는 예로부터 다 먹지 못할 만큼 푸짐하게 음식을 차려야 번듯한 대접이라는 생각이 뿌리박혀 있다. 그러나 음식 쓰레기를 생각하면 넉넉하게 음식 준비를 할 수만은 없다.

환경청의 추계에 따르면 2020년을 기준으로 연간 약 522만 달러의 식품이 '아직 먹을 수 있는 상태'에서 폐기되고 있다고 한다. 국민 전원이 거의 밥 한 그릇의 양을 매일 버리고 있다는 계산이다. 그중 47%는 가정에서 나온다. 값이 싸서 일단 사 놓기는 했어도 소비기한이 지나 그대로 쓰레기통으로 직행하는 일도 있다.

다른 도시에서는 집도 직업도 없이 굶주린 사람들이 겨울 하늘 아래에서 배식을 기다린다. 정말 복잡한 마음이다.

겨울은 크리스마스 케이크나 설 요리, 에호마키(입춘 전에 먹는 김초밥으로, 김밥을 두껍게 만든 외형으로 썰지 않고 통째로 베어 먹는 풍습이 있다-역자)처럼 계절색 짙은 식품들이 가게에 즐비한 계절이 기도 하다. 팔고 남은 음식들은 어떻게 하는 걸까 걱정이 앞선다. 업계는 예약제를 도입하는 등 음식 낭비를 줄이기 위해 노력하기 시작했다.

참고로 이 통계에는 시장에 나오기 전에 폐기된 양은 포함되지 않았다. 맛은 다르지 않은데 규격을 벗어났다는 이유로 불합격 판정을 받는 농수산물이나 생산 조정 때문에 생기는 '숨은 음식 낭비'도 있다. 이래서야 생산자들도 견딜 재간이 없을 것이다.

다른 나라들은 어떨까? 생산되는 식재료 중 3분의 1은 다양한 이유로 사람들의 입에 들어가지 못한다. 80억 인구를 먹여 살릴 만큼의 지구의 공급력이 위험하다고 하니, 대책을 세워야만 한다. 음식 낭비로 인해 생기는 온실효과 가스는 배출량 전체에서 8~10%를 차지한다는 계산도 있다. 이러면 안 된다.

우선 개인이 할 수 있는 일을 하자. 먹을 만큼만 사자. 신선 식품은 '유통기한이 짧은 것'부터 집자. 유통기한이 지나도 책임지고 먹자. 그리고 온천에서는 조금만 달라고 부탁하자.

지속 가능한 세상을 꿈꾸다

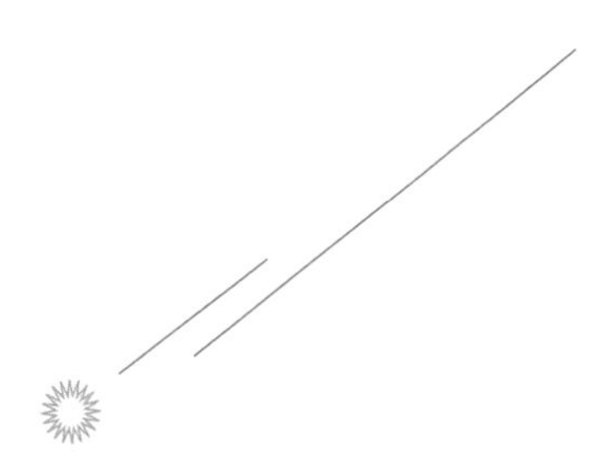

오버슈트. '도를 넘는다'라는 뜻의 영어인데, 신종 코로나바이러스 때는 감염자의 폭발적 증가를 가리키는 말로 쓰였다.

환경 분야에서는 생태계가 만들어 내는 것 이상으로 자원을 소비한다는 뜻이다. 일본은 석유나 식량 등을 수입에 의존하고 온실가스를 대량으로 배출해 지구에 과부하를 주는 '오버슈트 대국'이다.

그런데 모든 나라가 꾸준히 오버슈트를 하면 어떻게 될까? 한정된 자원을 두고 머지않아 분쟁으로 발전하게 된다. 평화가 사라지고 사람들은 빈곤이나 병에 허덕이다 어느새 지구는 아무도 살지 못하는 별이 되고 만다.

지구 온난화가 '기후 위기'라고 불리기 시작한 것은 불과 몇 년 전의 일이다. 정부나 기업이나 개인 등 다양한 곳에서 비참한 미래를 회피하려는 대책이 가속화하고 있다. 너무 늦었는지도 모르겠지만 모르는 것보단 낫다.

아프리카 대지에 나무를 심는 '그린벨트 운동'을 이끌었던 왕가리 마타이 씨의 삶이 생각난다. 평화와 환경 문제를 분리하지 않고 활동하여 2004년에는 노벨평화상을 받았다.

흥미로운 사실은 행동의 출발점이 '그린화'가 아니었다는 점이다. 그 경위는 자서전『위대한 희망』에 자세히 나와 있다.

조국인 케냐에서 대학교수로 시민운동에 참여하는 동안에 마타이 씨는 농촌 여성들의 빈곤한 사정을 알게 되었다. 삼림을 벌채해

서 농지로 바꾼 결과, 땅은 보수력을 잃고 사막화가 진행되었다. 마시는 물이나 취사를 위한 장작이나 가축의 사료를 가지러 먼 곳까지 나가야 해서 가축은 점점 말라가고 아이들은 일손을 돕느라 학교에도 가지 못하는 상황이었다.

자연환경이 악화하면서 빈곤이 생긴다…. 그럼 나무를 심으면 어떻게 될까? 그녀는 아이디어를 냈다. 읽고 쓰기는 못 해도 식물은 잘 기르는 여성들에게 묘목을 주고 숲을 조성하면 대가로 현금을 주는 구조를 생각해 냈다.

운동은 공감을 불러일으켰고, 세계로 확산했다. 1977년에 활동을 시작한 이래로 약 10만 명 이상을 끌어들였으며 심은 나무는 5,000만 그루를 넘었다.

여성들은 자립에 대한 자신감을 지니고 남성 중심 사회에서 목소리를 높이기 시작했다. 생태계를 망가뜨리는 개발에는 온몸으로 반대했다. 정권에서는 당연하듯 적대시 당했고, 마타이 씨는 여러 번 감옥에 갇혔다.

그래도 그녀는 주저앉지 않았다. 마타이 씨는 사회의 번영을 아프리카 전통의 둥근 의자에 비유했다. 앉는 부분을 받치는 3개의 다리를 민주주의, 지속 가능하고 공평한 자원 관리, 그리고 평화로 말이다.

그녀는 행동하는 것이 얼마나 소중한지 설득했다. “사람은 자신의 문제와 좀처럼 마주하려 들지 않습니다. 그래도 중요한 문제에 대해서는 행동하는 힘을 가졌지요.” 2005년 일본을 방문했을 때, 인터뷰에서 이렇게 대답했다.

일본어로 ‘아깝다MOTTAINAI’라는 말을 세계에 널리 알린 사람이기도 하다. 자연을 우러러보고 도가 넘은 소비를 절제하는 마음을 마타이 씨는 이 말로 받아들였다. 그녀는 현재 세계가 돌변한 눈빛으로 목표를 삼은 ‘지속 가능한 사회’를 반세기나 앞서서 이미 응시하고 있었다.

2011년에 별세했지만, 마타이 씨가 뿌린 씨앗은 이제 세계의 공통 인식이 되었다. 현재를 사는 우리가 계승해서 크게 길러 나가야만 한다. 아직 늦지 않았다.

숲의 왕국을 이끄는 자

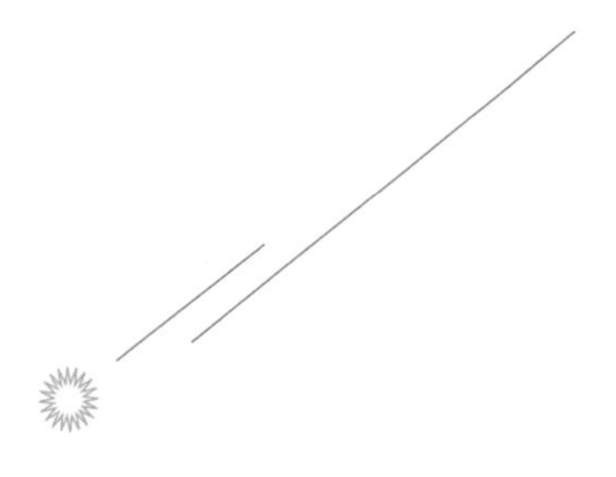

보소반도를 덮친 2019년의 15호 태풍. 광역 정전이 발생한 요인 중 하나는 쓰러진 나무였다.

'두 번 다시 같은 일을 반복하지 않도록 개벌(완전 벌채)하라는 흐름이 생기는 건 아닐까?'

저널리스트 우에가키 요시히로 씨는 쓰러진 나무를 처리한 후의 일이 걱정되었다.

자연은 임업의 쇠퇴와 산림의 황폐를 경고하고 있다. 하지만 나라는 '돈 버는 임업'을 내걸며 업자들이 효율적으로 벌채하기를 장려한다. 그 결과, 여기저기에 벌거숭이산이 나타났다. 한쪽에선 일손 부족이나 사슴의 식해 때문에 재생이 진행되지 않는다. '벌거숭이산'은 재해가 일어나기 쉬우며 방치할수록 재생이 어려워진다. 그런 꺼림칙한 현실이 지방에서는 일어나고 있다.

우에가키 씨는 조부모의 고향 와카야마현에서 받은 산을 계기로 임업에 관심을 가지게 되었다.

그는 도쿄돔 3개 크기, 약 15헥타르의 산림을 곧 물려받는다는 말을 전해 들은 후 20대쯤에 임업을 직업으로 삼을 수 있을지를 고민했고, 대형 고성능 기계를 사는 데 1억 엔이 필요하다는 사실을 알았다. 깜짝 놀란 동시에 의문이 생겼다.

'산을 소중히 가꾸어 계속하여 수입을 얻으면서 다음 세대에 물려주는 임업이 왜 안 되는가?'

몇 년 후에 만난 '자벌형 임업'은 그 꿈을 실현하는 것이 목표였다. 초기 투자 300만 엔이면 시작할 수 있다. 소규모라서 환경에 대한 부하도 적다. 생활 터전과 산이 가까워 일상적으로 손질만 해 주면 짐승들을 멀리할 수 있으며 산의 방재력도 높아진다.

우에가키 씨는 현재 자벌형 임업에 뜻을 가진 사람들을 지원하는 NPO 사무국장으로서 보급에 여념이 없다. NPO 연수를 받고 '이 일을 하려는 사람들'은 5년 동안 1,500명에 달한다. 도시에서 벗어나 농업이나 관광업을 하면서 IT 등의 직무와 겸업하는 사람도 늘어났다.

국토의 67%를 삼림이 차지하는 이 나라에서 적어도 산은 '공장'이 아니다. 더 친밀하면서도 다양한 복을 가져오는 존재다. 자벌형 임업을 새로 짊어진 자들이 그런 사실을 떠올리게 해 준다.

숲, 장작,
그리고 사람

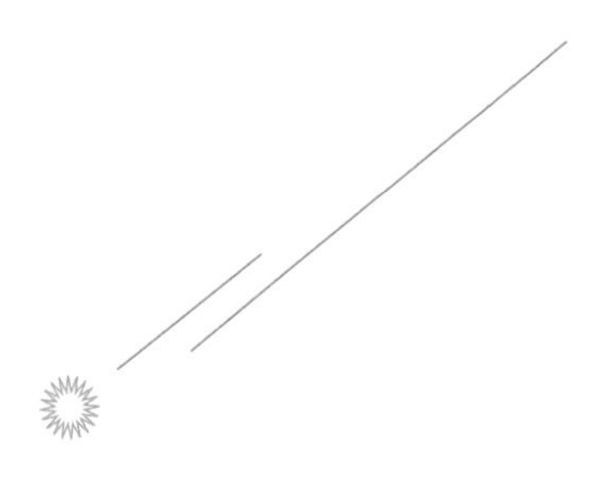

사워도우 빵은 묵직하고 신 빵이다. 골드러시로 들끓던 19세기 미국에서 광부들의 배를 채워준 존재다. 그런데 알래스카에서는 혹독한 기후를 견뎌 낸 '진정한 알래스카인'에게 존경의 마음을 담아 '사워도우'라고 부른다.

노르웨이에서는 강인하며 신뢰할 수 있는 인물을 'Hel ved'라고 칭한다. 현지어로 '딱딱한 장작'이라는 의미다. 딱딱하게 건조한 장작은 불이 잘 붙어 얼어붙은 몸을 장시간 따뜻하게 녹여 준다.

라르스 뮈팅의 『노르웨이의 나무』를 읽었다. 원서 제목이 『Hel ved』다. 숲의 나무가 사람의 손을 거쳐 땔나무가 되어 태워지기까지의 일생을 그렸다.

이 책은 북유럽에서 이어져 내려온 땔나무 문화를 둘러싼 실용서이기도 하다. '장작을 때울 때'까지 230페이지를 들여서 나무의 종류,

벌채 타이밍, 도구 갖추는 법, 건조 방법부터 장작 패기까지 상세히 해설했다.

토막 지식도 풍부하다. 장작을 쌓는 모습에 인성이 드러나니 결혼 상대를 고를 때는 참고를 하란다. 예를 들어 장작이 적은 선반은 하루살이고, 장작 선반이 아예 없으면 남편 자격이 없다고 한다.

나무는 예로부터 사람들에게 가장 친근한 연료다. 태우면 이산화탄소가 나오지만, 성장하는 과정에서 이산화탄소를 흡수하기도 한

다. 생육과 소비의 균형을 배려하면서 적절히 사용하면 지구 온난화를 가속하지 않는 지속 가능한 에너지원이 될 수 있다. 정전 위험에도 강하다.

불을 길들이는 것은 목숨을 지키는 것과 직결된다. 우주 비행사가 받는 서바이벌 훈련은 러시아의 설원에서 이루어지는데, 제일 먼저 마른 나뭇가지를 모아 불 피우는 일부터 시작한다. 활활 타오르는 불은 추위와 불안을 누그러뜨리고 살아남을 기력을 준다.

북유럽에서 장작 패는 일은 남성이 정년 후에 시작하는 '취미' 중 하나라고 한다. 젊은 세대들은 도시의 집합 주택에 살며 손이 많이 가는 작업을 멀리하기 때문이다.

이 책이 2011년에 출판됐을 때는 베스트셀러가 되었다. 2013년에는 공영 방송에서 특별히 〈노르웨이, 장작의 저녁 무렵〉이라는 프로그램을 방송했다. 겨우 장작이 타는 모습만 보여 주는 라이브 영상을 8시간 내보내고 20%라는 시청률을 얻었다고 한다.

일본에서도 모닥불이 인기다. 캠프 유행을 넘어서 더 깊은 무언가가 있는 듯하다. 자연 속에서 불을 마주하면 고대부터 유전자에 새겨진 '기억'이 되살아나는 기분이 든다. 적어도 불규칙하게 흔들리는 불꽃이나 타닥타닥 튀는 소리는 디지털 정보의 홍수 때문에 지친 오감을 어루만져 준다.

나는 아마 난로가 있는 단독 주택에는 평생 살지 않을 것이라서 장작 패는 일도 없을 것이다. 그래도 책을 읽고 숲이나 나무나 장작에 사람들이 어떤 마음을 가지는지를 알고 감동을 받았다.

본격적으로 겨울을 맞이하긴 전, 북유럽에서는 초봄부터 준비해 놓은 장작 선반만 있으면 마음이 든든하다. 누군가가 하얀 입김을 내쉬며 장작을 끌어안고 득의양양하게 거실로 옮기는 모습을 떠올려본다.

그 생각만으로도 마음이 차분해진다.

조상들의
항해술

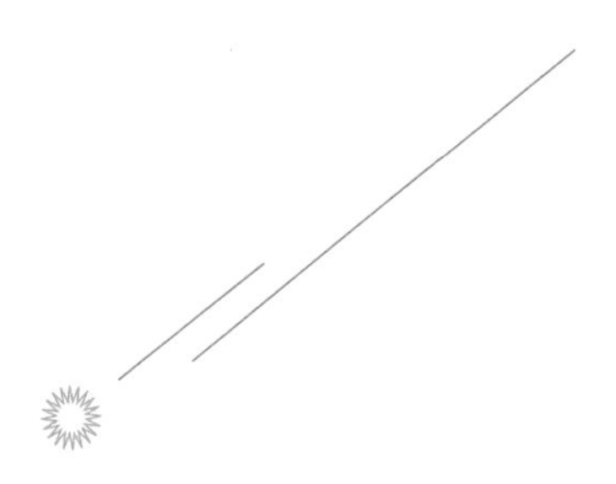

저도 모르게 눈썹을 찡그리게 되는 도시 생활. 심호흡을 하고 싶어질 때, 나는 모험 이야기를 읽으려 한다.

우에무라 나오미가 개 썰매를 타고 혼자 북극권을 횡단하는 르포, 남극점으로 가는 도중에 조난했지만 결국 전원이 살아 돌아온 '인듀어런스호' 이야기, 뗏목으로 남태평양을 8,000㎞나 표류한 '콘티키호' 이야기에도 가슴이 뛰었다.

그런 설렘을 2019년 여름에 실시간으로 체험했다. 국립과학박물관 소속인 인류학자 가이후 요스케 씨의 팀이 '3만 년 전의 항해 완벽하게 재현하기 프로젝트'에 도전한 것이다.

일본의 조상은 3만 년도 더 된 옛날에 대륙에서 건너왔다고 추측된다. 출토한 사람의 뼈로 생각할 수 있는 루트는 총 3가지다. ①사

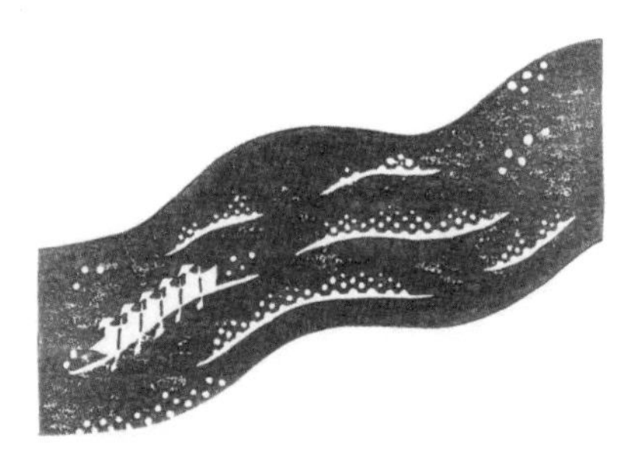

할린에서 홋카이도로, ②한반도에서 대마도로, ③타이완에서 오키나와로. 이 중 가이후 씨는 3번째 루트를 실제로 건너보기로 마음먹었다.

타이완과 오키나와 사이에는 폭이 100㎞ 되는 구로시오 해류가 흐른다. 조류의 흐름은 인간이 빨리 걷는 속도와 비슷한데, 노 젓는 배로 가로지르기란 매우 힘들다.

지금까지 도전한 결과를 봤을 때 풀로 만든 배는 침몰했고, 대나무 배는 휩쓸려 떠내려갔다. 마지막 도전 때는 통나무배를 골랐다. 손수 만든 돌도끼로 거목을 베어 쓰러뜨리고, 이 또한 손으로 만든 도구를 써서 도려냈다. 드디어 완성한 통나무배에는 '스기메'라는 이름을 붙였다.

남성 4명, 여성 1명이 타고 노를 저으며 타이완의 동해안을 출발한 것이 7월 7일. 물론 GPS도, 지도도, 시계도 없다. 낮에는 태양, 밤에는 별을 길잡이 삼아 방향을 추측하면서 항해했다.

45시간 후, 배는 200㎞ 남짓의 여행 끝에 요나구니섬에 도착했다. 전원 무사했다.

이 경험을 통해 알게 된 사실과 새로 생긴 궁금증이 있다고 가이후 씨는 말했다.

먼저 이 여행이 실제로 있었다고 치면, 그것은 결코 '표류'가 아니라 의지로 이루어졌을 가능성이 크다는 사실을 알았다. 그리고 '이렇게나 곤란한 사업을 우리 조상들은 어떻게 해낼 수 있었을까?'라는 궁금증이 생겼다. 다시 말해 동기 말이다.

유적을 아무리 파헤쳐도 그 시대에 살았던 사람들의 속마음까지는 알 수 없다. 하지만 상상은 할 수 있다.

사냥감을 찾아 전전하는 삶에 질렸는지, 다른 집단이 쳐들어와 쫓겨났는지, 아니면 마침 산꼭대기에서 수평선 너머로 어렴풋이 보인 섬의 형체에 호기심을 가졌는지…. 이런저런 상상이 부풀어 오른다.

향해 모습을 기록한 영상을 봤다. 가차 없이 내리쬐는 여름 햇볕을 받으며 뜬눈으로 쉬지도 못하며 노를 저은 5명이 이틀째 밤에는 기진맥진해서 잠이 들고 말았다. 날이 밝으면서 한 사람, 또 한 사람이 일어나서 섬의 형체를 향해 다시 노를 젓기 시작했다.

대자연 속에서 인간은 보잘것없는 존재다. 하지만 나의 뿌리는 그들에게 다다를 수 있을까? 그런 너그러운 마음이 들게 하는 도전이었다.

인간과 미생물의
기나긴 인연

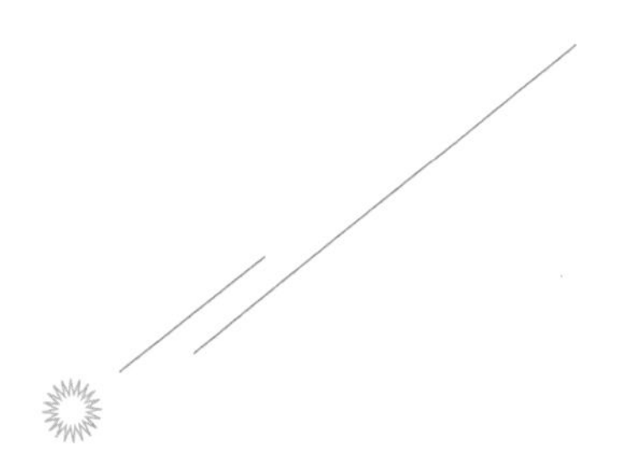

마음이 따뜻해지는 기사를 읽었다. '오가와 양조장'이라는 나가노 시의 된장 저장고가 무대다.

메이지 시대부터 이어져 내려온 이 작은 저장고는 지쿠마강 부근에 자리하는데, 2019년 가을에 태풍으로 둑이 무너져 이곳에 탁류가 밀어닥쳤다. 직접 재배한 대두와 쌀누룩, 소금으로 정성스레 담은 된장을 하룻밤에 잃은 셈이다.

실의에 빠져 있던 중에 그해 품평회에서 최고상으로 뽑혔다는 연락이 왔고, 4대째 운영하던 주인은 한 가지 아이디어가 떠올랐다. 고민 끝에 출품한 된장으로 연구 기관의 도움을 받아 된장을 담글 때 빠질 수 없는 미생물을 추출해 내는 데 성공했다.

일본주는 물론이거니와 된장이나 간장, 미림 등의 조미료는 미생물 없이 만들 수 없다. 된장의 경우 쌀누룩에 붙은 누룩곰팡이가 전분을 당으로, 대두의 단백질을 아미노산으로 분해한다. 거기에 효모나 유산균이 그것들을 분해해서 향과 맛이 생긴다.

미생물이 살기 위한 활동을 '발효'라고 부르며 이는 인류에게 둘도 없는 선물이다. 그리고 신기하게 이들 생물의 생김새는 땅이나 저장고마다 조금씩 다르다고 한다. 그러니까 '그곳에만 사는' 미생물이 유일무이한 풍미를 만들어 내는 것이다. 다채로운 지역 술이나 지역 간장은 이러한 다양성 덕분에 존재한다.

미생물 연구의 일인자인 사카구치 긴이치로 씨가 '세계 무쌍의 일대 균군'이라 칭찬한 누룩곰팡이가 그 상징이다. 학명은 아스페르길루스 오리재. 곰팡이의 일종이며 오리재란 '쌀'을 가리킨다.

일본인과 함께 한 역사는 8세기로 거슬러 올라간다. 고문서에는 '마른 밥이 젖어 곰팡이가 생겨 술을 빚었다.'라는 내용이 기록되어 있다. 스사노오노미코토(일본 신화에 나오는 신의 이름-역자)가 이무기에게 술을 마시게 해서 퇴치했다는 『고서기古書記』의 신화도 비슷한 시기에 쓰였다.

과학의 '과' 자도 없던 시절, 조상들은 어떻게 이 신기한 힘을 알아차렸을까? 누룩곰팡이의 게놈을 해독한 것은 2005년이다. 그 이듬해에는 '국균(곰팡이의 일종인 누룩곰팡이로 일본을 대표해 국균으로 지정되었다고 한다-역자)'으로 지정되었다.

찾아보니 '균묘(균의 무덤, 균을 기리는 곳-역자)'까지 있었다. 이 무덤은 발효를 짊어진 모든 미생물에 대한 감사의 마음을 담아 교토 만슈인몬제키 절 안에 1981년에 건립되었다. 비문은 앞서 나온 사카구치 씨의 휘호에 따른 것으로 건립에 맞춰 보낸 시에서는 친애와 경의의 정서가 전해진다.

눈에 보이지 않는 작디작은 생명 사랑스러워라

번듯한 절에 남긴 영원한 비석

나가노시에서는 오가와 양조장의 재건을 바라는 사람들이 움직이기 시작했다. 이름하여 '기적의 된장 부활!' 프로젝트다. 2020년 6월에는 중학생이 참가해서 대두씨를 심었다고 한다.

눈에 보이지 않을 정도로 작은 생물과 인간 사이의 덕, 시대를 넘어 맺어진 단단한 인연이다.

식탁 위의 풍경,
이제는 변화가 필요할 때

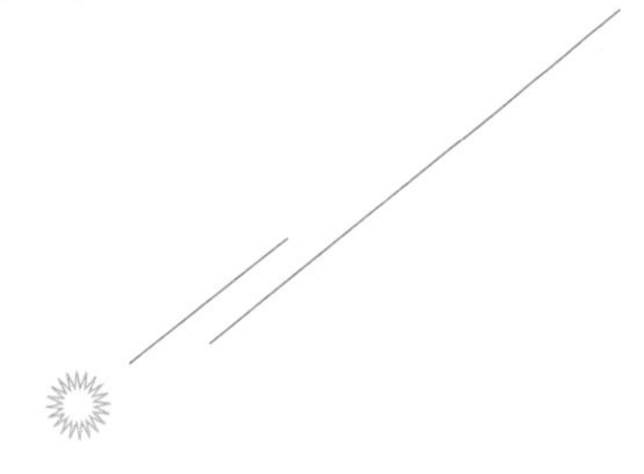

가을은 식욕의 계절이지만 올해는 뭔가 아쉽다. 그래, 꽁치가 부족하다!

꽁치잡이는 심각한 흉어를 겪었다. 가게에 진열된 것들은 작년 시즌의 냉동품들. 운 좋게 날생선을 만났다 해도 한 마리에 500엔이나 하니 한숨이 나온다.

원인으로는 두 가지를 생각할 수 있다.

하나는 회유 루트의 변화다. 꽁치는 북태평양에 분포하는 2년어인데, 매년 여름부터 가을에 걸쳐 산란을 위해 남하한다. 그러나 근래 들어 수온이 높은 연안을 꺼리는지, 남하 루트가 난바다(육지에서 멀리 떨어진 바다) 쪽으로 틀어졌다고 한다. 일본의 꽁치 어선은 연안에서 조업할 생각으로 구조를 만들었는데, 분포가 틀어지면 대응하기가 어렵다.

자원량이 감소했다는 이야기도 솔솔 들려온다. 해외에서 꽁치의 인기가 높아지면서 일본이 독점적으로 조업을 할 수 있는 배타적 경제 수역 안으로 들어오기 전에 외국 어선이 먼저 잡아간다는 것이다.

흑다랑어나 장어처럼 완전 양식 기술을 모색할 수도 있겠지만, 비용 면에서 수지가 맞지 않는다. 골치 아픈 현실이다.

꽁치뿐 아니라 우리가 평소에 당연하게 여기고 있는 식생활 풍경을 이제 다시 돌아봐야 할 필요가 있을 것 같다.

고령화 사회 때문에 골치 아픈 일본을 제쳐두고 세계에서는 인구 폭발이 일어나고 있으며 어느덧 세계 인구수는 80억 명을 넘어섰다. 50년 사이에 2배나 늘어난 것이다. 국제연합은 2050년에 97억 명에 이를 것이라고 예측했다.

이렇게 많은 사람의 배를 어떻게 채워야 할까? 곡물, 채소, 고기까지 전부 다 부족해질 것은 명백하다.

식육 업계에서는 한발 앞서 혁명이 일어나기 시작했다. 대두나 렌틸콩 등 식물 단백질을 원료로 해서 고기와 똑같이 만든 '인공육'이다. 건강을 챙기는 사람들은 물론 고기를 좋아하는 젊은이들 사이에서도 점점 인기가 퍼지고 있다.

'배양육' 연구도 진행되고 있다. 소의 세포를 배양해서 고기로 기르는, 마치 SF 소설에 나올 것 같은 발상이지만 이렇게 하면 소를 새끼 때부터 기르는 수고를 덜 수 있다. 대량의 먹이나 넓은 사육 장소도 필요 없다.

인간 활동 때문에 생기는 온실 효과 가스 중 약 15%는 소나 양 등의 가축이 뱉는 트림이나 배설물에서 나온다. 성공만 한다면 지구 온난화 방지에 공헌하는 덤까지 따라온다.

지구 환경을 지키는 동시에 사람들의 '식생활'을 보조하는 것, 서로 모순된 이 과제를 어떻게 풀어가야 할까? 남은 시간은 그리 길지 않다.

사계절의 축복을 받아 왔던 우리는 무슨 일을 할 수 있을까? 지구에게 최대한 부담을 주지 않는 선에서 말이다. 지산지소地産地消

(지역에서 생산된 농산물을 지역에서 소비한다-역자)는 물론, 음식을 낭비하지 않는 것도 중요하다.

다행히 우리는 이런 노력을 즐겁게 여기는 가치관을 가졌다.

포도와 사람과 떼루아

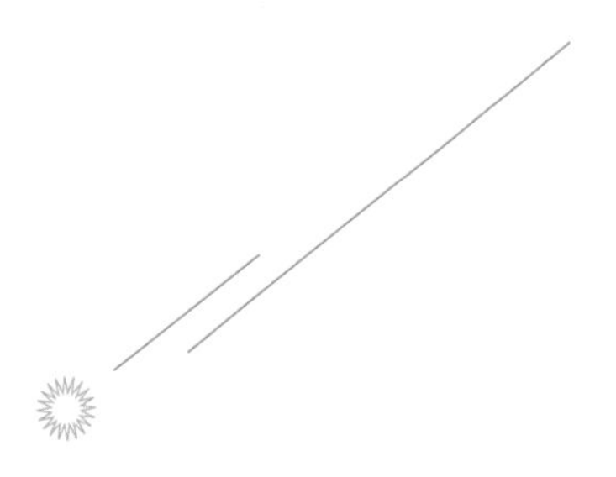

취재의 묘미는 현장에서 가슴을 울리는 한마디를 당사자에게 직접 들을 수 있다는 점이다. 이를테면 포도밭에서 양조사에게 나온 이런 말이다.

"와인 제조는 과학과 시의 융합입니다."

나가노현 우에다시의 샤토 메르샹 마리코 빈야드를 찾았다. 개업한 지 얼마 되지 않은 와이너리가 2020년에 아시아에서 유일하게 '세계 베스트 와이너리 50'으로 선정되었다.

전망이 좋다. 북쪽으로는 아사마산, 서쪽으로는 북알프스 산맥, 아래에는 한가득 펼쳐지는 포도밭. 방문했을 때는 와이너리 투어 참가자나 동네 사람들이 잘 여문 포도를 열심히 수확하고 있었다.

'진장대지陳場台地'라 불리는 이 일대는 한때 뽕나무밭이었다고 한다. 그러나 주요 산업인 양잠이 시들해지자 경작을 방치하는 일이 이어졌고, 황무지가 되었다.

주민들이 발 벗고 나서서 2003년에는 포도밭으로 부활시켰다. 도쿄돔 6개를 합친 크기인 30헥타르 밭에 포도 여덟 종류가 열매를 맺는다.

"좋은 포도로 자라려면 햇볕이 잘 들어야 하고, 비가 적게 와야 하고, 물이 잘 빠져야 하고, 통풍이 좋아야 합니다. 거기에 애정을 더해야겠지요."

밭과 와이너리를 통괄하는 양조사 고바야시 히로노리 씨가 해설해 주었다.

고바야시 씨는 대학에서 양조학을 배우고 1999년에 메르샹에 입사했다. 와인 품질 향상을 모색하는 과정에서 고바야시 씨와 동료들은 일본 고유 품종의 '고슈'에서 생각지 못한 발견을 했다.

정밀하게 화학 분석을 했더니, 고슈에는 소비뇽 블랑 같은 감귤계의 향 성분이 있다는 사실을 알아낸 것이다. 더 깊이 파고들자, 이 향을 덮어 숨기는 성분이 있다는 사실까지 발견했다.

그때까지 고슈 와인은 향이나 맛, 산미 등에서 개성이 부족하다는 이유로 경작을 포기하는 농가도 생겨나기 시작했었다. 하지만 이 발견을 계기로 수확 시기나 양조법을 연구함으로써 좋은 향을 끌어내는 방식으로 발전하게 되었다.

근래 들어 일본산 포도만을 사용해서 양조한 '일본 와인'의 발전이 눈부시다. 여기에는 과학적인 시각으로 접근한 배경이 있다. 서두에서 소개한 고바야시 씨의 말에는 그런 마음이 담겨 있었다.

일본에는 현재 크고 작은 곳을 모두 합쳐 300개나 되는 와이너리가 있다고 한다. 양조학을 배운 사람도 있고, 와인을 너무 좋아한 나머지 직장을 그만둔 사람도 있고 가지각색이다. 다양한 곳에서 와인을 만들면 더 새로운 세계가 열릴지도 모른다.

'떼루아.' 토지마다 다른 기후 풍토나 문화를 뜻하는 와인 제조의 키워드다. 같은 포도를 사용하는데도 다양한 개성을 가진 와인을 만들어 내는 것이야말로 떼루아의 마법이다. 물론 포도를 재배하는 '사람' 역시 그중 일부다.

달을 사랑하며 함께 살아가다

'봄은 동틀 무렵'이라는 구절로 유명한 『마쿠라노소시』는 일본에서 가장 오래된 수필집이다. 그 당시 황후를 섬기던 진정한 '베테랑 궁녀' 세이 쇼나곤은 자연부터 시작해서 사람의 활동까지 두고 '이게 좋네, 저건 촌스럽네.'라며 논평을 했다. 그 감성은 현대를 사는 우리에게도 공감되는 부분이 많다.

세이 쇼나곤이 달을 논평했다. 그녀는 동틀 무렵, 동쪽 하늘 산 위로 가늘게 뜬 달을 '참으로 곱구나.'라며 칭찬했다. 호불호가 없을 것 같은 보름달을 선택하지 않았다는 점이 그녀답다.

어떤 달인지 궁금했다. 알아봤더니 달이 서서히 이지러져서 신월이 되기 직전, 월령으로 따지면 26일 부근의 '그믐달'인 듯하다. 이 달은 동트기 전에 동쪽에서 떠오르고 해가 뜨면 사라진다. 야밤에 드나들던 남자를 배웅한 후에 잠들지 못하고 하염없이 바라봤던

건 아닐까? 로맨틱한 상상이 펼쳐진다.

달은 지구와 가장 가까운 천체다. 약 38만km 거리를 지키면서 지구의 주위를 돌고 있다. 태양의 위치에 따라 빛을 받는 부분이 달라지기 때문에 차올랐다 이지러지는 것처럼 보인다. 참고로 토끼가 방아를 찧는 모습이 항상 변하지 않는 이유는 달의 자전 주기와 공전 주기가 같기 때문이다.

악기를 다루는 지인에게 '월령 벌채'라는 말을 배웠다. 보름달에서 초승달이 되는 시기에 벌채를 한 재목을 악기로 가공하면 좋은 소리가 난다고 한다. 명품 바이올린을 만드는 스트라디바리우스는 초승달이 뜬 밤에 나무를 베어 악기를 만들었다거나, 월령 벌채를 한 재목으로 만든 절이 호류지라는 등 일화도 많다.

달의 인력이 조수 간만의 차와 관련이 있을 정도니까 지구상에 있는 생물의 활동이 달의 움직임에 영향을 받는다 해도 크게 신기하진 않다.

이 가설을 과학적으로 검증하려는 사람들도 있었다. 스위스 연구 팀이 침엽수인 독일 가문비나무를 사용해서 조사한 내용에 따르면, 달이 차오르면서 줄기가 굵어지고 달이 이지러지면서 얇아지는 사이클이 보였다고 한다.

나무의 종류나 생육 환경에 따라서도 차이는 있겠지만, 나무는 달이 차오르는 시기에 수분이나 양분을 빨아들이고 이지러지는 시기에는 그 활동을 쉰다고 한다. 그러니까 초승달로 향하는 시기에 벌채한 나무는 빨리 건조하고 다루기가 쉽다. 전분도 줄어들기 때문에 쉽게 벌레가 먹거나 부식되지 않는다는 연구 성과도 있다.

자연과 관련한 이런 지혜는 로마 시대까지 거슬러 올라간다고 한다. 애초에 이 가설이 과학적으로 증명되면 나무꾼은 한 달의 절반은 놀고먹을 수 있는 셈이다. 일은 보름달이 뜨고 2주 동안만 하는 것이다. 그때까지는 달이 차오르는 모습을 느긋하게 바라보는 삶도 나쁘지 않을 것 같다.

도심의 거리를 거닐던
소들

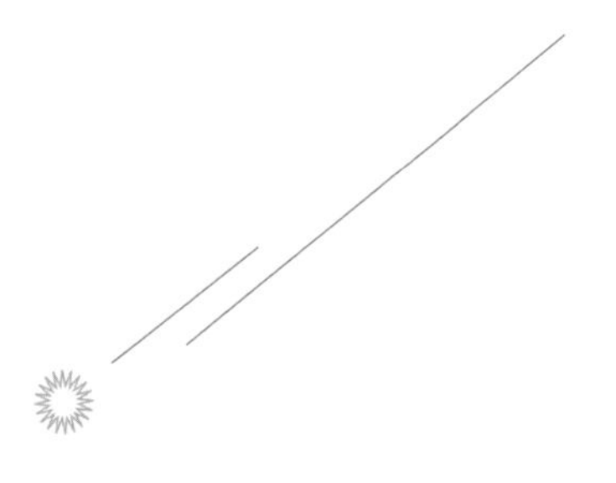

덜렁거리다가 새끼발가락을 골절했다. 다행히 깁스 생활은 면했지만 주치의에게 따끔한 설교를 들어야 했다.

"이제 나이도 생각해서 칼슘을 섭취하고 뼈를 튼튼히 해야죠. 우유는 잘 챙겨 드세요?"

뜨끔했다. 요거트나 치즈나 버터 같은 유제품은 먹지만 우유를 마시는 습관은 없었다. 프렌치토스트나 그라탱을 만들 때 첨가하는 정도다. 심기일전해서 냉장고에 항상 우유를 사다 놓고 생활해 보기로 했다.

일본의 서민들은 메이지 시대에 들어오고 나서야 우유를 마시기 시작했다. 이집트나 메소포타미아에서는 4000년 이상 전부터 소를 기르고 젖을 짜서 마셨다고 하니 일본은 상당히 늦은 편이다.

사역을 위해 소를 기르는 습관은 있었고, 밭을 갈거나 짐을 옮기는 등 소의 귀중한 노동력으로 도움을 받았다. 그런데 소젖은 오로지 송아지만 마실 뿐, 인간이 마시는 습관은 자리 잡지 않았다.

막부 말기, 이즈 시모다에 살았던 초대 주일 총영사 해리스가 우유를 요청했고, 막부는 근처 농가를 돌아다니며 열심히 모아왔다. 기록에 따르면 우유 1ℓ의 가격이 '약 한 냥'이었다고 한다. 한 냥이면 쌀 석 섬을 살 수 있었다고 하니 우유가 상당히 귀했다는 걸 알 수 있다.

바야흐로 시대가 바뀌어 서양 문화를 적극적으로 수용하기 시작한 메이지 정부는 우유의 영양가에 주목했다. 메이지 5년에 쓰인 『우유고』에서는 '최상의 양약으로 해서… 연약함을 강하게 만들며 늙음을 굳세게 한다'라며 그 효능을 강조했다.

비슷한 시기에 왕이 매일 아침 우유를 마신다는 이야기도 전해졌다. 정부의 노력이 엿보인다.

그러나 우유는 잘 상한다. 살균 기술도, 냉장 설비도 충분하지 않았던 그때는 소비자들과 가까운 곳에서 우유를 생산하는 것이 필수 조건이었다.

왕의 거처에서 직선거리로 약 2km, 지요다구 이다바시에 자리한 '호쿠신샤 목장 자리'에는 비석이 세워져 있다. 비석의 주인은 에

노모토 다케아키. 보신 전쟁(무진년에 일어난 정치 세력 싸움-역자)에서 하코다테의 요새에 갇혀 신정부군에 무너진 막신(막부의 신하-역자)이다.

젊은 시절에 막부의 명을 받아 네덜란드로 유학했고, 항해술이나 조선술을 배우는 동시에 낙농 대국의 생활도 경험했다. 메이지 정부는 그에게 특별 사면을 내려 새로운 시대의 선도자로서 일하게 했다.

그중 하나가 목축업이었다. 다이묘(넓은 영지를 가진 무사-역자) 저택을 허문 땅을 재사용해서 50마리의 소를 길렀고, 젖을 짜내서 파는 장사가 도쿄 사람들에게 받아들여졌다. 막신이었던 사람들의 자제들이 그 일을 했다. 이곳은 곧 직업을 잃은 무사들이 새출발하는 장소이기도 했다.

1900년 무렵까지는 고지마치, 도라노몬, 아카사카, 아키하바라 등에 목장 겸 우유 가게가 있었다고 한다. 도심 한복판에서 여유롭게 풀을 뜯는 소들의 모습이라니, 상상만 해도 유쾌한 마음이 든다. 그럼 오늘도 활기차게 우유를 마셔 볼까?

눈물은 아낌없이

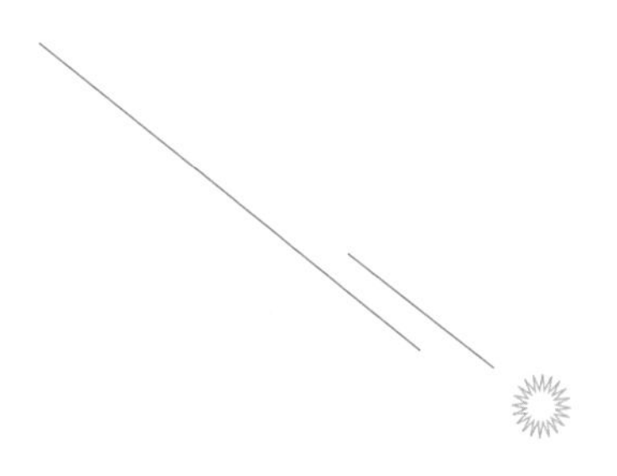

'눈目은 세상에서 제일 작은 바다다.'

이렇게 은유적인 표현으로 눈의 역할을 가르쳐 준 사람은 게이오기주쿠대학의 명예 교수, 쓰보타 가즈오 씨다.

지구는 '물의 행성'이다. 그 물의 98%는 바다에 있으며 지구의 생태계가 유지되도록 도와준다. 그런 것처럼 눈물 역시 눈의 건강에 빠질 수 없는 '작은 바다'라는 것이다.

얼마나 작은가 하면, 안구의 표면을 덮고 있는 눈물의 양은 고작 7마이크로리터다. 1년 치를 다 합쳐도 캔 맥주 하나 정도의 양밖에 되지 않는다.

그래도 있는 것과 없는 것은 천지 차이다. 눈물이 부족한 '드라이 아이' 환자들은 눈을 마음대로 깜박이기도 힘들어 실명 위험까지 있다.

눈물은 육지에 사는 동물 대부분이 분비한다. 그러나 '우는 행위'는 인간들만 한다.

모래사장에서 산란 중인 바다거북이가 닭똥 같은 눈물을 뚝뚝 흘렸다거나 반려견이 같이 울어 줬다는 이야기를 종종 듣는데, 그건 체내에서 불필요한 염분을 배출하거나 건조를 막기 위해 분비하는 것으로 추측된다.

무언가에 마음이 움직여 격해진 감정 때문에 눈물을 흘리는 행위는 인간의 특권이니 '눈물 흘리기를 아까워 마라'라고 쓰보타 씨는 말했다.

인간은 성장하면서 '울음'의 종류가 늘어난다. 아기 때는 걸핏하면 운다. 배가 고파서, 기저귀가 젖어 찝찝해서, 졸려서, 어리광을 부리고 싶어서 운다. 자기중심적으로 보이지만, 달리 말하면 우는 행위는 살아남기 위한 전략이다.

그런데 어른이 되면 타인에게 공감해서 울게 된다. 백혈병을 딛고 일어나 올림픽 출전권을 따낸 선수가 눈물을 흘리며 인터뷰하는 모습을 보고 따라 우는 것은 그야말로 공감했기 때문에 가능한 일이다.

인생 처음으로 공감해서 운 기억은 영화 〈애정〉을 봤을 때였다. 주인공 소년이 부모님과 떨어진 새끼 사슴을 기르게 된다. 열심히 길러서 둘도 없는 친구가 되는데, 성장하면서 새끼 사슴은 골칫덩어리가 되어 근처에 있던 밭을 들쑤셔 놓는다. 결국 소년은 새끼 사슴을 직접 쏘아서 처리한다. 초등학생이었던 나는 주인공에게 공감하며 엉엉 울었다.

내가 눈물이 많다는 걸 안 것도 그때쯤이었다. 실연했을 때, 경쟁에 졌을 때, 영화나 소설에도 물론 감동을 받고 많이 울었다.

요즘에는 아기 얼굴이나 아이들이 최선을 다하는 모습을 보기만 해도 눈물이 난다. 굳이 '눈물 흘리는 활동'을 할 필요도 없다.

근래에는 우는 행위가 수면보다 스트레스를 푸는 데 더 효율적이라는 연구 결과도 있다. 역시 눈물은 아끼면 안 되나 보다.

매실주 너머의
뒷산

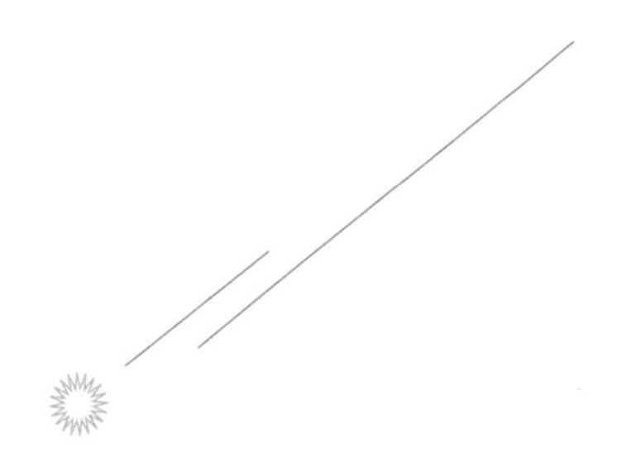

5월부터 7월은 매실 철로, 이 시기 동안 매실 열매로 다양한 저장 식품을 만든다.

매실이 열매를 맺을 무렵부터 오랜 기간 내리는 비를 '쓰유梅雨(장마라는 뜻이며 일본어로는 매실을 뜻하는 한자가 들어간다 - 역자)'라고 이름 붙인 일본인의 감성으로 보면, 성가신 계절을 조금이라도 즐겁고 풍요롭게 보내자는 마음이 담겨 있을지도 모르겠다.

어린 시절에 할머니 댁에 가면 옹기종기 앉아서 매실을 손질하던 풍경이 떠오른다. 뜰에 있던 큰 매실나무에는 매년 열매가 주렁주렁 달렸다. 그걸 따서 툇마루에 산더미처럼 쌓아 놓고 여자들끼리 수다를 떨면서 손질하는 것이다.

깨끗하게 씻은 매실 열매의 물기를 닦고, 대나무 꼬치로 정성스레 꼭지를 딴다. 그리고 먼저 상처 있는 열매를 추려낸다. 덜 익은 매실은 얼음 사탕과 섞으면 매실청이 되고, 담금주를 넣으면 매실주가 된다. 조금 더 숙성시켜 노르스름해진 열매는 우메보시(매실로 만든 장아찌의 일종-역자)로 만든다.

우메보시는 손이 더 간다. 장마가 끝나면 맑게 갠 날에 소금에 절인 매실을 햇볕에 말린다. 이게 바로 '도요보시(곰팡이가 생기지 않도록 햇볕에 말리는 것-역자)'다.

시간과 수고를 들이는 만큼 완성이 기대된다. 무엇보다 이런 작업을 하면 계절의 변화나 하루하루의 날씨를 체크하게 된다.

일본의 사계절이 가져오는 식문화는 다채롭다. 봄에는 죽순을 먹는다. 한껏 맛이 오른 제철 미역을 넣고 와카타케니若竹煮를 끓이는데, 여기에 또 제철인 산초 새싹의 나무순으로 향을 더한다.

둑에는 토필이나 머위의 새순이 고개를 빼꼼 내밀고, 산에는 고사리나 고비 같은 산나물이 봄을 알린다.

신록의 계절에는 쑥을 뜯어서 쑥경단을 만든다. 여름에는 맑은 물에 사는 은어나 곤들매기, 가을에는 버섯이 가득 들어간 음식을 먹는다. 한꺼번에 열매를 맺는 감은 곶감으로 만들면 겨우내 맛볼 수 있다. 떫은 감을 달짝지근하게 만든 '침감'도 예로부터 전해져 내려오는 지혜다.

원래 이렇게 음식을 손수 만드는 즐거움은 부모가 아이에게 전수해서 몸이 기억해야 하는데, 도시에 살면 그것도 쉽지 않다. 아파트 생활에 익숙한 우리에게 곶감이나 산나물은 모두 슈퍼에서 사는 것들이다. 일부러 산까지 가는 것도 고생이다.

그래도 일본은 국토 면적의 70% 가까이가 숲으로 덮여 있는 삼림 대국이다. 아마존 같은 원생림은 별로 없는 대신, 사람들이 손질해서 직접 가꾸어 온 산이 있다.

그래서 그런지 전래 동화에는 꼭 뒷산의 풍경이 등장한다. 촌락과 밭과 숲이 만들어 내는 경치는 고향이 없는 사람들에게도 왠지 정겹다. 이렇게 인간과 자연의 절묘한 공존은 'Satoyama(里山. 마을 가까이에 있어, 실제 삶과 밀접한 관계(땔감이나 산나물 채취 등)가 있는 산-역자)'라는 국제어가 되어 세계 사람들에게 알려졌다고 한다.

매실 철에 매실 음식을 만들 여유는 없지만, 매실주를 마실 때는 마을 뒷산을 한번 떠올려보는 건 어떨까?

살아 있으면
나오는 것

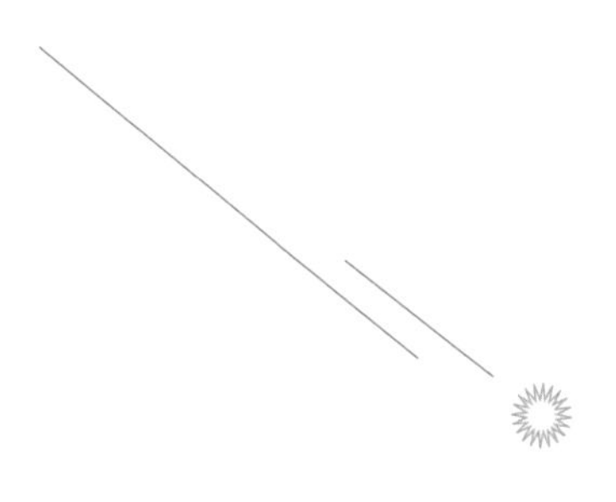

'먹으면 내보낸다.'

동물이면 종을 불문하고 목숨을 유지하기 위해 빠질 수 없는 행동이 있다. 이것을 반복하는 덕분에 우리는 살고 있다. 단순하지만 생각보다 심오하다. 바로 '배설'이다.

맛있게 먹고 마신 것이 신장이나 위장을 거쳐 배설물이 된다. 적당한 타이밍에 잘 나와 주면 행복한 기분을 맛볼 수 있다. 하지만 생각대로 되지 않으면 초조해진다. 자칫하면 자존심이 걸린 문제가 되기도 한다. 매일 우리가 화장실에 가듯이, 고양이나 개를 기를 때도 배변 훈련은 중요하다.

미에현에서 교통 신호기가 통째로 뚝 부러지는 사고가 있었다. 부상자 피해는 없었지만, 내용 연수 50년인 구조물이 23년 만에 쓰러진 사태라 경찰이 조사에 나섰다.

철제 기둥은 부식이 심했다. 과학수사연구소가 토양을 조사했더니, 다른 장소보다 40배 넘는 요소가 검출되었다.

현장 주변에 잠복한 경찰관은 이 신호기가 지역 주민들이 기르는 반려견의 산책 코스에 있으며, 많은 개가 일상적으로 이 신호기 기둥에 오줌을 눴다는 사실을 알아냈다. 오랜 세월 동안 반복된 배뇨가 신호기의 수명을 단축했다는 것이 경찰의 견해였다.

와카야마현에서는 기노카와강에 걸린 수관교가 갑자기 두 동강이 나는 일이 발생했다. 와카야마시 북부에 물을 공급하는 라이프라인인데, 물이 끊어진 탓에 14만 명에 가까운 주민이 일주일 가까이 불편을 겪어야 했다.

수도관을 매달았던 금속제 부품이 부식했다는 게 직접적인 원인이었는데, 전문가는 그 원인 중 하나에 '새똥'이 있다고 분석했다. 똥에는 요산, 암모늄 등 부식을 촉진하는 성분이 포함되어 있기 때문이다.

들새에게 배변 훈련을 할 수도 없는 노릇이다. 이런 위험이 있다는 사실을 고려해서 인프라를 세밀하게 점검하는 방법 말고는 해결책이 없다고 한다.

그런 가운데 방목 중인 소에게 배변 훈련을 시켜 봤다는 논문을

찾아냈다. 뉴질랜드의 오클랜드대학교 연구팀이 생물학 학술지에 보고한 내용이다. 소의 오줌에는 질소가 많이 들어 있어서 방치하면 자연계에서 분해되어 온실가스로 변한다. 결국 지구 온난화에 일조할 가능성이 있다.

그래서 송아지에게 배변 훈련을 했는데, 인간으로 치면 3세 아동에게 한 것과 비슷한 효과를 볼 수 있었다고 한다.

동물과 공존하면서 문명 생활을 얼마나 유지할 것인가? 고작 배설물이지만, 그래도 배설물이었다는 이야기였다.

코로나바이러스로
얻은 것들

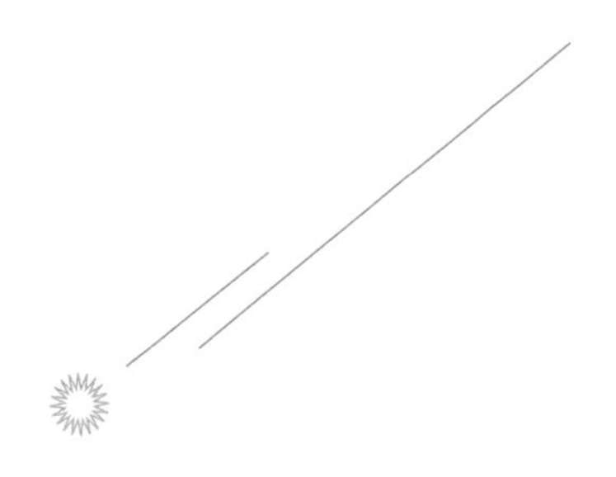

2020년은 신종 코로나바이러스와 함께 시작되었다.

2020년 새해부터 전에 없던 타입의 폐렴 환자들이 우한에서 속출한다는 중국발 뉴스가 난데없이 터졌다. 강 건너 불구경인 줄로만 생각했던 것도 잠시, 바이러스는 배나 비행기로 이동하는 사람들을 통해 전 세계로 퍼졌다.

처음 2년 동안은 바이러스와의 싸움이었다. 일시적으로 휴전은 있었지만 끝이 보이지 않았다.

'잃어버린 2년'을 한탄만 하지 말고, 이번 일로 얻은 깨달음이나 가치관의 변화도 자세히 살펴보고 싶다.

큰 변화가 느껴지는 것 중 하나가 회사와 관련된 일들인 것 같다. 먼저 대규모 회의나 출장, 접대 등이 금지되었다. 하는 수 없이 온

라인으로 미팅을 하거나 거래처와 이야기하게 되니 재택근무로 전환한 사람들 대부분은 '이렇게 할 수 있었으면서 지금까지 왜 안 했을까?'라는 생각을 했을 것 같다.

직장에 오래 있을수록 좋은 평가를 받는 '멸사봉공(사욕을 버리고 공익을 위해 힘씀-역자)'의 가치관도 다시 보게 되었다. 주 3일제를 검토하거나, 국내 어느 곳에 살아도 괜찮도록 허락하거나, 교통비를 월 15만 엔까지 지급하는 기업도 나왔다.

물론 '현장'에 있어야만 가능한 일도 있다. 하지만 불합리한 관행을 멈추게 된 계기를 코로나바이러스가 제공했다고 할 수 있지 않을까?

콘서트나 공연 같은 이벤트가 크게 제한된 대신, 고성능 동영상 배포 서비스의 질이 높아졌다는 사실에도 주목해야 한다. 지방에 살거나 장애가 있는 사람들에게는 오히려 접근하기가 쉬워졌을 수도 있다.

코로나바이러스는 빈부의 격차를 더 뚜렷하게 만들었지만, 한편으로는 이타적인 행동을 부추기게 만드는 계기도 되었다. 2022년 한 조사에 따르면 다양한 연령대의 아이들이 모이는 '어린이 식당(어린이, 보호자, 지역 주민들을 대상으로 영양가 있는 음식을 무료나 저렴한 가격에 제공하는 사회 활동-역자)'은 코로나 상황 속에서도 전국적으로 7,000개 이상 늘어났다.

'레질리언스resilience'라는 말이 있다. 원래는 물질의 탄성을 가리키는 전문 용어인데, 심리학 세계에서는 '역경이나 곤란을 딛고 활기를 되찾는 힘'을 뜻한다.

과정의 차이는 있겠지만, 모든 사람이 힘든 시간을 공유했다. 행복이 무엇인지, 사는 이유는 무엇인지 되돌아보는 시간이기도 했다.

우주, 다양성으로 가득한 **무한의 공간**

가끔 책장에서 꺼내 여러 번 읽는 책 중에 후란시스 아스크로프의 『생존의 한계』가 있다.

영국의 생리학자가 온갖 극한 상황 속에서 인체가 어떻게 변화하는지를 논리정연하고 유머러스하게 해설하는 책이다.

예를 들어 우주 공간에 살아 있는 인간이 덩그러니 던져진다면 어떻게 될까? 폐에 차 있는 공기가 전부 다 뿜어져 나오고, 혈액이나 체액에 녹아 있던 가스가 기화하고, 세포는 뿔뿔이 흩어진다. 소화관이 파열되고 고막이 찢어지며 극심한 추위 때문에 몸이 얼어붙는다.

기압이 0인 진공, 기온은 절대 영도(-273°C)에 가까운 '죽음의 세계'다. 그런 곳으로 갈 일은 없다는 사실을 알면서도 무섭다.

그런 우주가 직장이 되고, 달의 표면으로 출장을 가야 하는 직업인 우주비행사를 우주항공연구개발기구JAXA가 13년 만에 공모했다. '약간'이라는 모집 인원을 내걸었는데 4,127명이 응모했다. 서류 전형, 영어 시험, 일반 교양 시험, 면접, 적성 검사까지 1년을 들여 추리고 추렸다.

이번에 JAXA는 세계 우주 기관으로는 처음으로 조건에 '학력 무관'을 넣고 모집했다. 이공계열 출신이거나 관련 업종 경력이 있어야 한다는 등의 요건을 없앴더니, 지난번 모집보다 4배 이상의 지원자가 몰렸다. 약 20%가 여성이며 최고령은 73세였다고 한다.

인류는 '우주'라는 말로의 땅에 과감히 도전하는 시대를 거쳐, 우주를 이용하는 방법에 지혜를 짜내는 시대로 접어들고 있다.

이렇게 되면 다양성이 중요해진다. 여러 가지 배경이나 발상을 가진 사람들이 모이면 새로운 무언가가 생길 가능성이 있기 때문이다.

지금까지 그랬던 것처럼 우주 공간에 거대한 구조물을 만들거나 지구상에 부족한 자원을 찾아야 한다는 발상만으로는 한계가 있다는 사실을 우리는 슬슬 알아야 할지도 모르겠다. 그런 생각은 일단 옆으로 제쳐 두고, 지구의 지속 가능성에 대해 우주에서 가만히 앉아 사색에 잠겨 볼 기회가 있어도 좋겠다.

'우주를 직관하면 이전과 똑같은 인간일 수 없다.'

아폴로 9호에 탑승했던 미국의 러셀 슈바이카트 비행사는 이런 말을 남겼다. 실제로 우주에서 지구를 바라보는 경험은 마음을 크게 뒤흔드는 모양이다.

지구로 돌아온 비행사들은 이구동성으로 '죽음의 세계'에 떠 있는 찬란한 지구, 유일무이한 아름다움과 그 덧없음을 말한다. 어떻게든 지구를 지켜 내야 한다는 마음은 '지구를 지켜야 할 인간들이 왜 서로 싸우고 있는가'라는 깨달음으로 이어진다.

전형 결과 20대 외과의인 고메다 아유 씨와 개발도상국 지원 경험이 긴 스와 마코토 씨가 우주비행사 후보가 되었다.

많은 사람에게 우주로 가는 출입구를 열어 놓으면, 30년 후나 50년 후에는 지구나 인류의 미래가 조금은 바뀔지도 모르겠다.

눈부시게 아름다운
우주의 멜로디

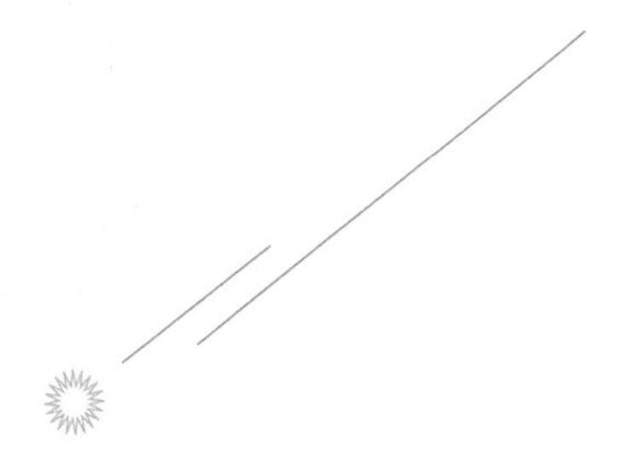

영국 록 가수 데이비드 보위의 〈스페이스 오디티Space Oddity〉는 아폴로 11호가 달에 착륙한 1969년에 발표되어 큰 인기를 끌었다. 이 곡은 우주 비행이 인류의 꿈이었던 시대에 비행사의 고독을 노래하고 있다.

가사 속 주인공 톰 소령은 비행사로 뽑혀 로켓에 타게 되었다. 발사에는 성공했지만, 번아웃이 와서 허탈한 상태에 빠진 소령은 '지구는 푸른데 내가 할 수 있는 일은 아무것도 없다.'라고 대답한 후 교신을 끊었다.

그로부터 반세기 남짓, 우주는 상당히 가까워졌다. 2021년은 우주 비행을 체험한 민간인 수가 우주에 간 직업 비행사를 처음으로 웃돌았다. 400㎞ 상공을 도는 국제우주정거장ISS에는 비행사 여러 명이 생활하고 있다.

그중 한 사람인 캐나다 출신의 크리스 해드필드 비행사는 2013년에 ISS에서 이 노래를 직접 부르는 영상을 촬영해 공개했다. 가창력이 돋보이는 매력적인 영상은 '우주 공간에서 촬영된 첫 뮤직비디오'로 화제를 일으켰고, 조회수는 5,300만 회를 넘어섰다.

현역을 은퇴한 후에도 해드필드 씨는 계속 노래를 하고 있다. 잘 들어보면 톰 소령의 대사를 '지구는 푸르다. 해야 할 일은 아주 많다.'로 바꾸었다. 센스 있는 연출이다.

하지만 각 나라가 해야 할 일을 두고 서로 티격태격 싸우다가 결국 우주는 육해공에 이어 '제4의 전쟁터'가 되었다. 지구상에서 벌어진 분쟁을 우주까지 끌고 가는 건 너무 어리석다.

"남성들뿐만 아니라 여성들에게도 우주의 진정한 매력을 알리고 싶어요. 가능하면 음악으로요."

이렇게 말한 사람은 뮤지션 야노 아키코 씨다.

전부터 자연이나 우주에 관심이 있었는데, 눈 수술을 받은 후 또렷하게 보이는 별에 감동을 받고 더 좋아졌다고 한다. 그녀는 노구치 소이치 비행사가 ISS에서 전한 메시지들을 보고 자극을 받아 '우주에서 지구를 바라보고 싶다'라는 꿈을 꾸게 됐다.

"지금까지 우주에 간 사람 중에 아티스트는 아직 없잖아요. 만약

슈베르트가 살아서 우주에 간다면 당장 곡을 쓰지 않을까요?"

야노 씨는 2023년 봄에 노구치 비행사가 ISS에서 쓴 14편의 시에 멜로디를 붙여 공동 작업 앨범인 〈널 만나고 싶어, 너무나〉를 발표했다.

"우주를 알고 나니 지구를 이해하고 살아가는 기쁨을 더 키워야겠다는 마음이 들어요. 그 마음을 많은 사람과 공유하고 싶어요."라고 그녀는 말했다.

우주로 가면 무엇을 할까? 전에는 상상으로 끝났을 생각이 이제는 실제로 실현되는 시대다. 아마 지구를 하염없이 바라보게 되지 않을까?

지금까지 취재한 비행사마다 우주에서 보는 지구의 모습이 어떤지 이야기했다. 소리도, 생명의 기척도 없이, 짙은 어둠이 지배하는 '죽음의 세계'와 대조적으로 어슴푸레한 대기의 베일에 둘러싸여 푸른 빛이 찬란하게 빛나는 지구의 아름다움, 그리고 허탈함. 그곳에 숨 쉬고 있을 생명이 너무나도 소중하게 느껴지는 감정. '국경은 보이지도 않아요.'라고 말한 비행사도 많다.

아예 주요 7개국 정상회담(G7 서밋)을 우주에서 해 보는 건 어떨까? 각국의 지도자들은 국경이나 국익을 둘러싸고 다투는 게 얼마나 어리석은 일인지 느끼지 않을까? 그 모습을 야노 씨가 피아노와 노래에 담아 세상에 전하는 것이다. 그런 즐거운 상상을 해 본다.

슈퍼 푸드
곤충

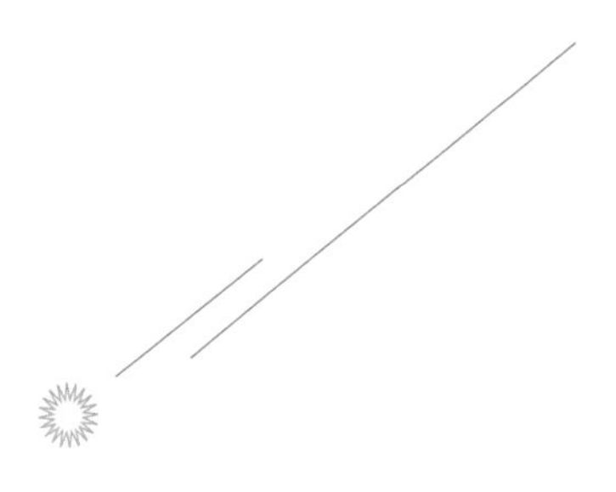

곤충 식품이 주목받고 있다.

세계는 SDGs(지속 가능한 개발 목표)를 실현하고자 나아가고 있다. 그 점에 주목한 사업이 생기면서 곤충 식품업계에 벤처기업들이 잇따라 탄생하고 있다.

흔히들 말하는 장점에는 어떤 것이 있을까?

하나, 소나 돼지 등의 가축과 비교해서 빨리 자라기 때문에 손이 많이 가지 않는다. 둘, 대량의 먹이나 물을 절약할 수 있다. 셋, 소가 하는 트림은 지구 온난화를 가속하는데 곤충은 그럴 걱정이 없다. 넷, 수입할 필요가 없으며 식량 안전 보장에도 공헌한다. 다섯, 저지방 고단백질이라 영양가가 높다.

좋은 점이 이렇게 많다. 그런데도 폭발적으로 퍼지지 않는 이유는 뭘까?

벌레를 싫어하는 사람은 적지 않다. 보기만 해도 소름이 끼치는데 그걸 입에 넣는다니 상상도 못 하겠다는 마음은 알겠다.

나는 벌레를 싫어하진 않는다. 그렇다고 먹으라고 하면 거부감이 들긴 한다. 새우나 민물 비단게 튀김은 맛있게 먹으면서 물장군 튀김은 왜 싫은지 묻는다면, '글쎄요, 왜 싫을까요….'라는 말밖에 할 수가 없다.

인간의 미각은 보수적이다. 게다가 겉모양이나 기분에 크게 좌우된다.

얼마 전에 출연한 생방송에서 곤충 식품을 다뤘다. 예상했던 대로 스튜디오에서 시식하는 시간이 마련되어 있었다. 준비된 음식은 귀뚜라미 파우더와 같이 반죽한 크런치 초콜릿. 초콜릿이면 괜찮겠지 싶어서 카메라 앞에서 한 입 먹고, '일반 초콜릿이랑 거의 비슷해요.'라는 코멘트를 남겼다. 그런데 씹다 보니 카카오와는 다른 향도 느껴지고 자글자글한 것들이 입안에 남아 있어 난감했다.

이게 일반 초콜릿보다 몇 배나 더 비싸다고 하니, '그럼 전 안 먹을게요.' 하고 말게 된다.

지구를 구할 수도 있는 식재료라는데, 자기 관리가 철저한 사람들이 유난만 떨다가 그냥 끝나면 아쉽다. 대형 식품 회사들이 앞다퉈 노력해 준다면, 맛있는 곤충 식품이 있는 미래도 불가능하지는 않을 것 같다는 생각이 든다.

대상포진이 보내는 **경고**

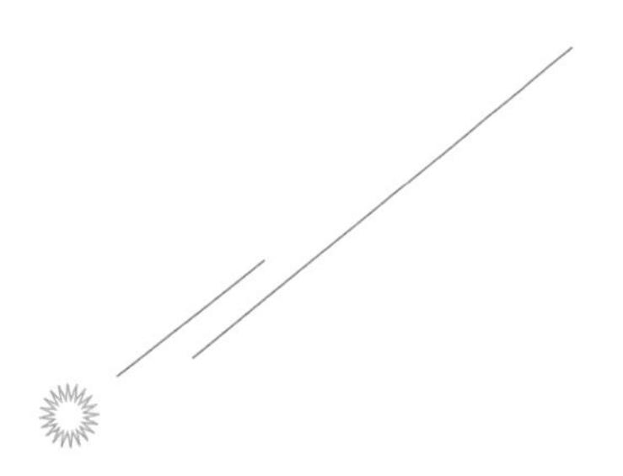

연휴가 시작되자마자 병이 나는 사람이 있다. '드디어 쉰다!'라며 마음을 놓고 방심한 순간에 당하고 만다. 혹은 쉬기 직전까지 힘을 다 쏟아서 일을 하다가 결국 컨디션이 무너진다. 전자든 후자든 아쉬운 건 매한가지다. 바로 내 얘기다.

골든위크 직전에 인생 처음으로 대상포진의 습격을 받았다. 오른쪽 머리에서 얼굴 쪽까지 증상이 나타났다.

생각해 보면 이틀 전부터 몸 상태가 좋지 않았다. 오른쪽 눈 안쪽에 불편한 감각이 있었는데, 인터넷에 '눈, 안쪽, 아픈'으로 검색했더니 '삼차 신경, 혹은 뇌혈관 질환의 전조'라고 나오길래 지레 겁을 먹었다.

이튿날에는 어깨 뭉침과 두통이 느껴졌다. 이것도 오른쪽만 그랬다. 편두통인가 싶어서 아침에 일어나도 낫지 않으면 병원에 가야겠다는 생각에 세수하던 중, 오른쪽 관자놀이에 '오돌토돌한 무언가'가 만져졌다.

한쪽에만 이렇게 난다고? 이건 대상포진이겠거니 싶어서 회사 가기 전에 병원에 들렀더니 예상이 맞았다. 항바이러스제, 진통제, 연고 등을 처방받고 맥없이 집으로 돌아왔다. 아니, 사실 마음이 살짝 들떴다. 회사에서든 학교에서든 병에 걸린 걸 알고 쉴 때는 묘하게 기분이 좋다. 무엇보다 컨디션 난조로 애를 먹던 찰나에 원인을 알아낸 것만 해도 절반은 병이 나은 듯한 기분이 들어서 신기했다.

포진은 눈꺼풀로 퍼져서 옛 괴담의 '독을 마시고 눈두덩이가 부은 귀신'처럼 됐다. 외출도 제대로 못 하는데 일은 산더미처럼 쌓였다. 연휴까지는 집에서 일하며 버텼다. '피로 누적 아니야?', '기력은 있어도 이제 나이 생각도 해야지.'라며 많은 사람들에게 위로를 받았다.

이제는 진짜 무리하면 안 되는 나이가 되었다. 일을 대신할 건 많지만, 목숨은 하나밖에 없다. 알아서 지켜야 한다. 술을 끊고 집밥을 세 끼 꼬박 챙겨 먹고 일찍 자고 일찍 일어나고…. 건강한 생활을 꾸준히 실천한 덕분에 금세 회복되었다.

거참, 이래서야 '코로나바이러스'와 다를 게 무엇인가.

아프니까
산다

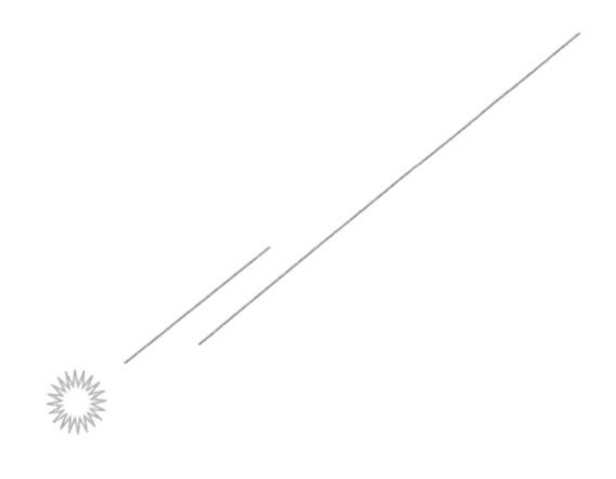

대상포진이 생긴 지 2주째, 약이 효과를 본 덕분인지 겉으로는 거의 원래 상태로 회복됐다.

이 병은 어린 시절에 걸렸던 수두 바이러스가 부활하면서 일어난다. 아마 몸이 지쳤을 때 면역력이 떨어지면서 생기는 모양이다. 나이가 드는 것도 위험 요인 중 하나다.

한번 해치운 줄 알았던 바이러스가 몸속에 숨어 있다가 다시 날뛸 기회를 호시탐탐 엿보고 있었다니, 대단한 이야기다. 나는 열 살 때 수두에 걸린 적이 있으니 잠복 기간은 무려 45년이다!

급성기를 어떻게 잘 넘겼더니 이번에는 후유증이 걱정됐다. '대상포진 후 신경통'이라는 거다. 피부 증상이 가라앉은 후에도 이 고통은 반년 이상 이어진다고 한다.

고통. 까다로운 존재다. 평상시에는 있었는지 기억도 나지 않는 장소가 고통 때문에 뇌리에 강렬히 박히기도 한다. 아프면 괴롭다. 낫는다 하더라도 또 아플까 봐 걱정하는 심리가 작용해서 기력이 떨어진다.

하지만 고통은 생물이 살아갈 때 꼭 필요한 시그널이다. 크게 다쳤는데도 고통이 전혀 없다면 출혈 과다나 감염증으로 목숨을 잃을 수 있다. 이번에도 경험한 적 없는 고통 때문에 깜짝 놀라 진찰을 받은 덕분에 큰일이 나지 않고 끝낼 수 있었다.

고통을 과학적 시선으로 정의 내린다면, '외부 자극을 감지하고 그것을 피하고자 스스로 지키려는 행동을 위한 중요한 정보'라고 할 수 있다.

한편으로 의료 현장에서는 얼마나 고통을 줄여줄 수 있는가를 따지게 된다. 고통은 환자의 QOL(생활의 질)을 낮추기 때문이다.

손가락에 눈곱만큼 작은 가시 하나만 박혀도 아픔이 느껴진다. 인간이 가지는 이 예민한 감각에는 분명 심오한 구조가 숨어 있는 듯하다.

2021년 노벨 생리학·의학상이 떠올랐다. 고추를 맵다고 느낄 때 작용하는 단백질이 무엇인지 밝혀낸 과학자가 수상을 했다. 이 '매운 감각'은 사실 '아픈 감각'과 공통된 범주 안에 있다고 한다.

코끼리에 밟히는 듯한 고통이라니

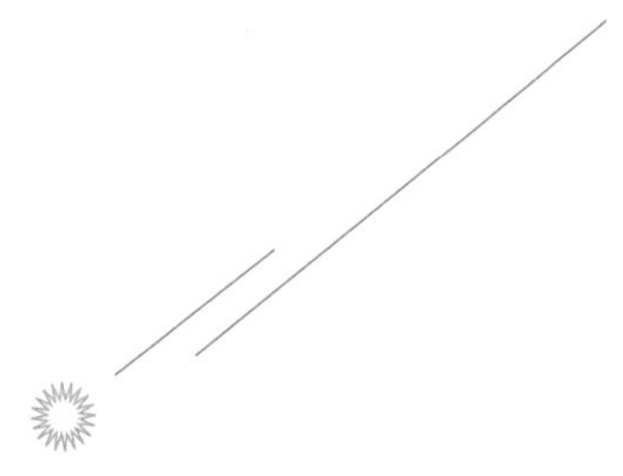

시각, 청각, 후각, 미각, 촉각. 인간은 이렇게 '오감'이라 불리는 감각을 사용해서 주변 상황을 파악한다.

오감을 통해 받아들이는 정보는 타인과 공유할 수 있다. 천둥소리에 깜짝 놀라기도 하고, 이상한 냄새가 난다며 주의를 주기도 하며, 자그마한 동물을 만지며 보들보들한 촉감에 기뻐하기도 한다.

하지만 오감에 들어가지 않는 '통각(아픈 감각)'은 공유하기가 어렵다. 친구와 같은 경치를 바라보고 맛있는 음식을 먹고 감동을 공유할 수는 있어도, 그 친구가 느낀 고통을 자신의 고통으로 느끼기는 어렵다. 고통은 지극히 주관적인 것이다.

환자가 느끼는 고통을 의사가 조금이라도 공유할 수 있도록 만들어진 표가 있다. 바로 '맥길 통증 설문지'라는 것이다.

지끈지끈, 콕콕, 얼얼 같은 정형적인 표현에서 '창에 찔리는 듯한', '소름이 끼치는 듯한', '몸이 뒤틀리는 듯한'이라는 문학적인 표현까지 총 78종류의 표현이 준비되어 있다. 어휘력이 낮은 아이들에게는 인간의 얼굴을 본뜬 마크 중에서 가까운 것을 고르게 하고, 그 표정으로 고통의 정도를 짐작하는 방법을 쓰기도 한다.

신기하게도 '아프구나, 불쌍하게도.'라며 공감을 해 주기만 해도 편해지는 고통이 있다. 통각은 심리적 요소도 크게 작용하는 듯하다.

미경험자들은 이해하기 어려운 고통 중 하나가 진통이나 출산의 고통이다. '코에서 수박이 나오는 듯한 고통'이라는 비유가 있는데, 경험자들의 말을 빌리면 그렇게 간단한 건 아니라고 한다.

인터넷으로 검색했더니 다양한 표현이 쏟아져 나왔다. 생리통보다 만 배는 더 큰 고통이라니, 이건 남자들은 알 수 없겠다. 코끼리에게 밟히는 듯한 고통? 제트기가 박는 듯한 고통? 리얼하다. 온몸에 벼락을 맞은 듯한 고통? 상상하기만 해도 진땀이 난다.

그만큼 출산 직후에는 해방되었다는 마음으로 가득하다. 오래 묵은 변비가 내려가는 기분, 목에 걸린 자몽이 내려가는 기분이다. 목표가 있으므로 버틸 수 있는 면도 있지 않을까?

이런 고통을 참아내고 생명을 잉태하는 어머니들은 정말 위대한 존재인 것 같다.

더 높이,
더 멀리

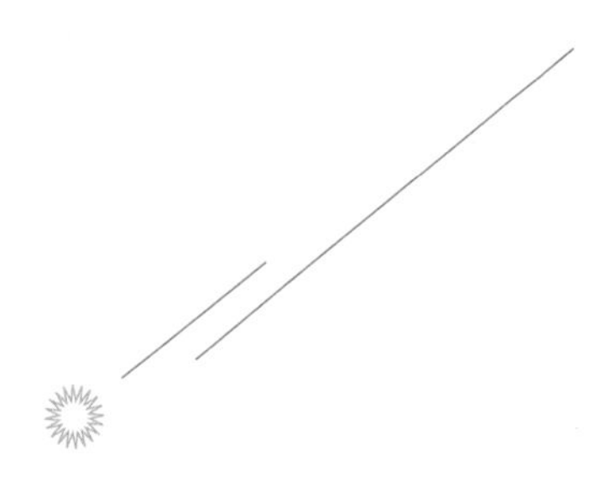

등산계 최고의 영예인 '황금피켈상 평생 공로상'을 수상한 야마노이 야스시 씨를 만났다. 평생 눈부신 활동으로 차세대에 영향을 미친 사람에게 주어지는 상으로, 아시아 최초의 수상이었다.

"지금까지 정말 위대한 사람들만 수상을 해서 깜짝 놀랐는데, 다들 축하해 주시고 또 행복해 보여서 다행입니다."

11살 때 본 산악 영화에 그는 충격을 받고 등산에 푹 빠졌다. 안정된 직업을 갖지 않고 스폰서 도움도 받지 않은 채 세계 곳곳에 있는 미정복 봉우리에 오로지 혼자서 도전해 왔다.

중력에 저항하며 기술과 체력과 판단력으로 정상에 올랐다. '천국에 가장 가까운 남자', '고독한 등산가'라는 수식어를 가진 야마노이 씨는 실제로는 상상 이상으로 몸집이 작고 온화하며 쾌활한 사람이었다.

왜 사람이 많은 팀에 들어가 대량의 장비를 써서 조금씩 고도를 올려 가는 '극지법'을 취하지 않는지, 그 이유를 물었다.

"혼자 계획하고, 산에 가서 깊게 쌓인 눈을 헤치고, 암벽을 끝까지 올라갑니다. 큰 성취감과 만족감을 독차지할 수 있는 게 매력이거든요."

2002년, 37세 때 도전한 히말라야의 갸충캉 북벽이 전환점이었다. 등정은 이루었지만 하산 중에 태풍을 만나면서 동상으로 손가락과 발가락을 합쳐서 10개를 잃었다. 등산가 인생이 허무하게 끝나 버릴 만한 좌절에도 새로운 발견이 있었다고 한다.

"행운이라는 말은 하지 않겠지만, 재미난 인생이 될 것 같다는 생각은 들었어요. 초보 상태에서 레벨을 올릴 수 있겠다, 게다가 엄청난 레벨로 돌아온 것 아닌가, 난 천재일지도 모르겠다, 이런 생각이요."

가장 묻고 싶었던 질문을 했다. 혼자 하니까 언제든지 그만둘 수 있는데 왜 도전을 멈추지 않는지에 대해 물었다

"포기하는 제 모습을 참을 수가 없어요. 무섭기도 하고 뒤로 물러날 수도 있지만, 일단은 한 걸음이라도 내딛고 싶어요. 올라갈 산을 정한 후에도 사진을 보면서 며칠 동안이나 자문자답을 해요. 넌 정말 거기에 가고 싶어? 공명심이 아니라 진심으로 가고 싶은 거야? 이렇게요."

낙관주의와 겁쟁이. 얼핏 보면 양극에 위치하나 모험가나 탐험가들이 공통으로 가진 자질이다. 무섭다. 죽고 싶지 않다. 그래도 해 보고 싶다. 될 거다. 할 수밖에 없다.

탐험가 가쿠하타 유스케 씨는 모험과 탐험을 이렇게 자리매김했다.

'상식이나 과학 지식…, 그물코처럼 구성된 현 인간계의 시스템 바깥으로 뛰쳐나가는 것.'

문명이라는 시스템의 보호 속에서 도망가지 못하는 우리는 그곳을 뛰쳐나간 사람들의 이야기에 매료된다. 약하디약한 인간을 아는 동시에 숨어 있는 저력에 감동하는 것이다.

야마노이 씨는 살아 돌아와 제2의 인생을 살고 있다. 그렇기 때문에 말할 수 있는 유일무이한 이야기를 앞으로도 듣고 싶다.

나도 흉내 내볼 수 있는 건 '동경하는あこがれる 것'이다. 옛 일본어로 말하면 '아쿠가루あくがる'. 영혼이 몸에서 빠져나와 떠도는 모습을 나타낸다.

미지의 세계에 대한 동경은 여행이나 모험에 도전하게 만드는 구동력이다. 야마노이 씨는 자서전『수직의 기억』에서 이런 말을 전했다.

'나는 이상적인 등산가를 좇아 가까이 가려고 노력했다. 거기에는 등반의 역사도 명예도 아무것도 상관없다. 나는 그저 동경할 뿐이다.'

구름을 알고
사랑하는 기술

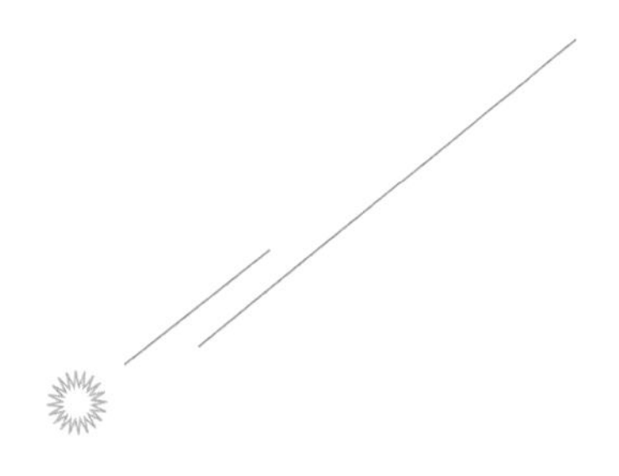

여름 하늘의 주인공은 구름이다. 뭉게구름, 적운, 새털구름. 다양한 구름이 서로 뽐내며, 한순간도 같은 경치를 보여주지 않는다. 가만히 바라보고 있노라니 야마무라 보초의 '구름'이라는 시가 떠올랐다.

이봐 구름아

한가로이

바보처럼 태평해 보이지 않느냐

어디까지 갈 테냐

이와키타이라까지 갈 테냐

중학생 시절에 잊지 못할 수업이 있다. 국어 과목 K 선생님은 칠

판에 큰 글씨로 제목을 적고는, "먼저 나부터 읽어 볼게."라며 교단에 늠름하게 서서 복도 쪽 유리가 떨릴 정도로 큰소리로 낭독했다.

'이봐'가 아니라 '이봐아아아아아아!'라고 말이다. 당황한 학생들을 앞에 두고 "이 정도로 크게 외쳐야 구름에 들릴 거 아니냐."라며 참 유쾌하게 웃었다.

어디까지 갈 테냐 하고 외친 보초는 1924년, 심장병으로 40세의 나이에 세상을 떠났다. 이와키타이라에는 예전에 전도사로 일했던 교회가 있었다고 한다. 잠든 자리에서 구름을 바라봤을 테다. 그는

이 시를 담은 시집이 나오기도 전에 떠나버렸다.

과학적으로 설명하자면, 하늘에 떠도는 물방울과 얼음 알갱이의 집합체가 구름이다. 하얗게 보이는 이유는 그 입자가 빛을 산란시키기 때문이다.

공기의 덩어리가 수분을 머금고 포화상태를 넘으면 구름이 생긴다. 거기서 떨어지는 물이 비나 눈이 된다. 구름은 날씨를 좌우하는 동시에 물의 순환을 담당하고 생명이 활동할 수 있도록 돕는다.

"정말 가까우면서도 없어서는 안 될 존재인데, 모르는 것투성이에요."

기상청 기상 연구소에서 날씨 예보의 정확도 향상을 연구하는 아라키 겐타로 씨가 구름에 관해 이렇게 말했다.

지금 팀에서는 적란운이 줄줄이 이어져 국지적인 큰비를 내리게 하는 '선상 강수대'가 발생하는지를 예측한다.

2022년도에 집중 관측이 시작됐다. 구름에 수증기를 공급하는 해상에는 관측망이 없고, 낮은 하늘에서 발생하기 때문에 선상강수대(특정 지역에서 강수량이 집중되는 선형의 구역)는 기상 위성으로도 잡아내기가 힘들다. 애초에 적란운은 전선이나 태풍 등 1,000㎞ 단위의 기상 현상에 비해 차원이 다르게 작으므로 예측에 대한 계산

기술도 확립되어 있지 않다.

하지만 재해로부터 사람들의 목숨을 지키는 것이 기상학의 큰 사명이다. 기누강이 범람한 간토 도호쿠 호우가 일어난 2015년보다 1년 빠른 시점부터 아라키 씨는 동네 중학교나 자치체에 집중 호우를 주의하라고 호소했다. 결국 재해는 일어났고, 그는 '설마 이렇게 될 줄은 꿈에도 몰랐다.'라고 얘기했다.

적어도 평소에 신경을 썼으면 한다는 아라키 씨는 '구름 사랑'을 외치고 있다. 구름을 보고 즐기는 습관과 기본적인 지식을 익혀 두면 날씨가 갑자기 변해도 몸을 지킬 수 있지 않을까 생각하기 때문이다.

그는 연구와 동시에 구름을 둘러싼 다양한 화제를 매력적인 사진과 함께 알려 왔다. 기초 지식을 망라한 『신비롭고 재미있는 날씨 도감』은 속편을 포함해 약 40만 부가 넘는 베스트셀러가 되었다. 아라키 씨가 '구름 친구'라 부르는 트위터 팔로워 수는 30만 명을 넘는다. "구름은 이제 저의 인생이죠." 아라키 씨는 웃었다.

어떤 이유든 좋으니 하늘을 바라보자. 구름에게 말을 걸어보자. 구름은 여러 가지를 알려 줄 것이다.

3

과학의 빛과 어둠의 삶을 살았던 학자

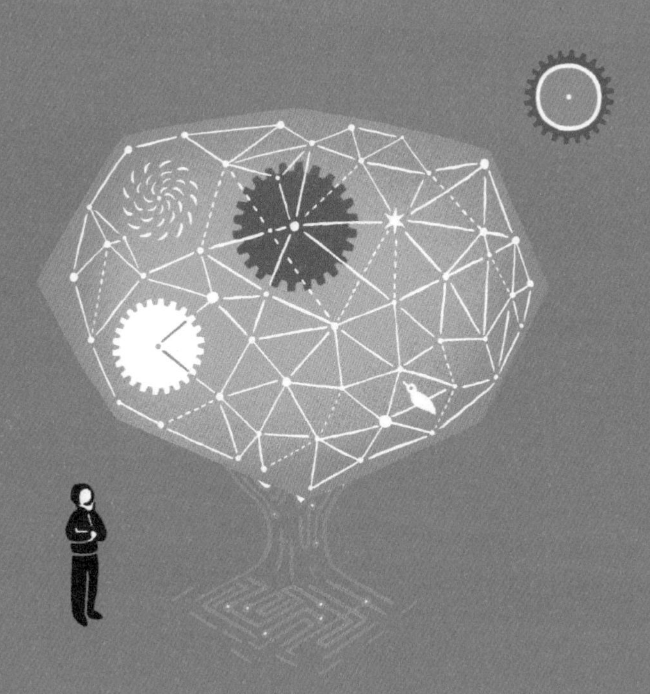

'물의 행성'에 살다

인간의 사고에는 두 가지 타입이 있다고 한다. 물이 절반 들어 있는 컵을 보고 '절반밖에 없네.'라며 한탄하는 사람과 '절반이나 있네.'라며 긍정적으로 생각하는 사람. 아프리카에서 의료 지원을 하는 가와하라 나오유키 씨는 '절반이나 있네'라며 긍정적으로 생각하는 사람이다.

그가 이사장을 맡은 NPO법인 '로시난테스'의 거점, 수단에 코로나가 닥치면서 예정했던 사업이 모조리 막혔다. 가와하라 씨와 관계자들은 현지 정부와 연계해서 감염 방지 대책 개발 사업을 새로 시작했다.

일시 귀국으로 일본에 있는 동안 긴급 사태 선언이 발령되면서 수단으로 돌아가지 못하게 되자, '저는 의사지만 일손이 부족하면 무슨 일이든 하겠습니다.'라며 동네 시청에 지원했다. '기타큐슈시 신종 코로나바이러스 감염증 대책 전문관'이라는 자리에서 후쿠오카현과 일을 조정하거나 고령자 시설의 감염 방지 대책을 마련하기 위해 바삐 돌아다녔다. 그는 '곤경에 빠진 사람이 눈앞에 있으면 돕는다'가 인생의 신조다.

수단과의 인연은 2002년으로 거슬러 올라간다. 그가 외무성 외무관으로서 현지 일본 대사관에 부임했을 당시, 수단은 다르푸르 분쟁을 이유로 선진국의 경제적 지원이 끊긴 상태였다.

그러던 와중에 자신이 일본인들만 진료하고 있다는 사실을 깨달았다. '이래서야 눈앞에서 괴로워하는 현지인들은 도울 수가 없겠구나.'라며 방침을 바꿨다.

1,700만 엔의 연봉과 직책을 반납하고, 2006년에 지원 단체를 만들었다. 이름은 '돈키호테'에 등장하는 비쩍 마른 말 '로시난테'에서 따왔다.

의사가 없는 마을로 순회 진료를 다니기 시작했다. 집촌에서 제일 높은 어르신에게 인사를 하러 갔더니 차를 내주었다. 빗물처럼 탁한 물이 나올 때도 있었다. 꾹 참고 마셨다가 배탈이 난 적도 여러 번이다.

찾아오는 환자들은 대부분 감염증에 걸린 사람들이었다. 물이 깨끗해야 병도 줄어든다는 걸 또 깨달았다. 활동 목표에 '깨끗한 물

확보'를 추가했다.

'물의 행성'이라 불리는 이 지구에서 자유롭게 쓸 수 있는 담수는 전체의 0.01%밖에 없다. 유니세프(유엔아동기금)에 따르면 전 세계에서 30억 명이 손 씻는 설비가 없는 집에 산다고 한다. 30만 명의 5세 미만 아이들은 비위생 문제로 생기는 설사증 때문에 매년 사망에 이른다.

수단에서도 인구의 약 절반이 청결한 물을 얻지 못한다. 물을 긷는 일은 아이들의 몫이다. 탱크를 당나귀 등에 올리고 한 시간 걸어서 저수지로 간다. 당나귀가 방뇨하는 동안 옆에서 물을 퍼서 식수로 쓰는 것이다.

가와하라 씨는 깨끗한 물을 마실 수 있도록 연못을 울타리로 에워싸고 현지에서 조달할 수 있는 돌이나 모래 필터로 정화하는 방법을 생각했다. 1,000만 엔의 기부금을 얻어 공사 목표를 세웠다.

어느 마을에서는 우물을 팠다. 태양 전지로 펌프를 움직여 물을 퍼 올리고, 주민들에게 관리를 맡겼다. 또한 '깨끗한 물'과 엮어서 교토의 기요미즈데라清水寺(깨끗한 물이라는 한자를 쓰는 절 이름-역자)의 지원을 얻었다.

누구보다 물을 긷는 일에서 해방된 아이들이 기뻐했다. 어떤 소녀는 '학교에서 열심히 공부해 의사가 되고 싶다.'라고 말했다.

우물의 완공식 사진을 보여줬다. 수줍어하는 소녀 옆에서 가와하라 씨가 환하게 웃고 있었다.

도움이 된다?
안 된다?

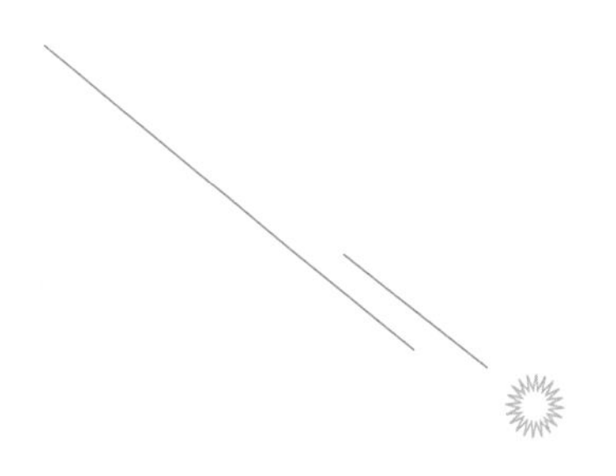

1939년, 뉴욕 만국박람회 개막 행사에 초청된 물리학자 아인슈타인은 '실패의 희극'이라 불리는 사태에 휘말렸다.

세기의 천재를 직접 한번 보겠다며 많은 관객이 몰려들었는데, 우주론에 관한 난해한 강연을 이해하지 못했다. 맨해튼에서 날아오는 우주선을 탐지해서 보여 주려 했던 실험도 실패로 끝났다.

이튿날 뉴욕 타임스는 '대중들은 과학보다 박수갈채를 보낼 수 있는 구경거리를 좋아한다.'라고 논평했다.

『쓸모없는 지식의 쓸모』에서 소개하는 이 에피소드를 읽고 과학과 사회를 가로막는 장벽의 깊이를 생각해 봤다. 그리고 거의 15년 전 일이지만 '바나나와니' 이야기가 떠올랐다.

"바나나와니(바나나 악어라는 뜻 - 역자)를 아세요?"

도쿄 롯폰기에 있는 일본 학술회의장에서 나는 가나자와 이치로 씨의 질문을 받고 당황했다. 열대 동식물을 전시하는 시즈오카현의 레저 시설, 아타가와 바나나와니 공원의 이름을 끌어들이며 가나자와 씨는 이렇게 설명했다.

"바나나와니를 처음 듣는 사람들은 신종 악어인 줄 오해할 거예요. 과학 기술도 바나나와니랑 같아요. 차원이 다른 과학과 기술을 억지로 붙여서 사용하죠. 이해하긴 쉽지만 위험해요."

과학의 성과가 기술이 낳은 이노베이션으로 반드시 직결되는 것은 아니다. 그럼에도 양자를 세트로 묶어서 생각하면 '과학은 당연

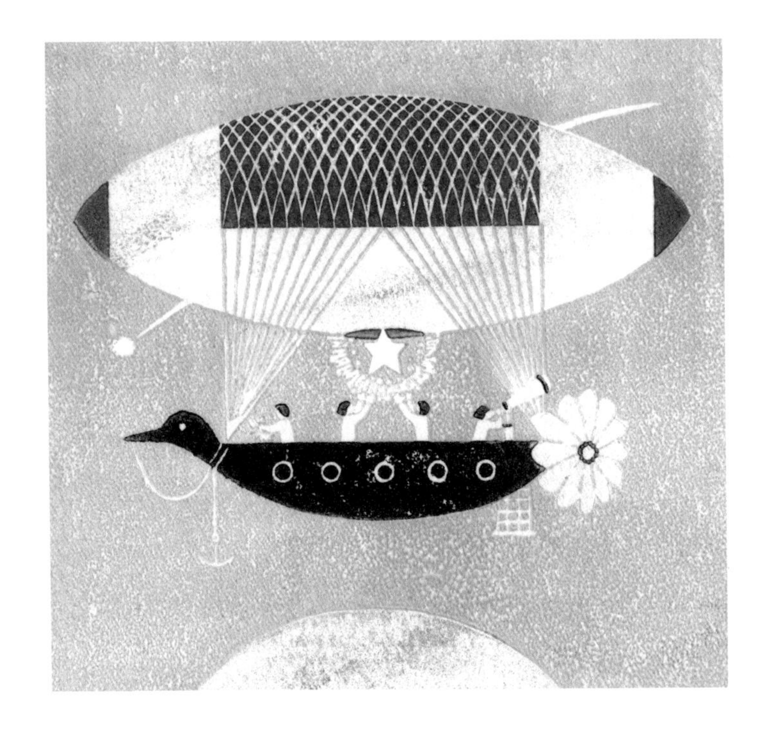

히 도움이 되며 도움이 되지 않는 과학은 쓸모없다.'라는 결론에 다다르기 쉽다. 가나자와 씨는 그 부분을 걱정하고 있었다.

도저히 도움이 될 것 같지 않은 과학이 긴 시간을 거쳐 이노베이션을 일으키는 일도 있다. 편리한 삶의 필수품이 된 자동차 내비게이션이 바로 그 예다. 아인슈타인의 상대성 이론은 1905년에 발표되었는데, 내비게이션은 이러한 상대성 이론 효과를 고려하여 시간을 보정하고 정확도를 높인다. 이로 보아 과학이 필요한지 불필요한지 단편적으로 보고 판단을 내리는 것은 조금 더 신중하게 하는 것이 현명해 보인다.

과학이나 학술은 원래 복잡해서 일반 사람들이 다가가기 어렵다. 스포츠나 예술과 비교하면 세상을 자기편으로 만들기가 압도적으로 어렵다. 그래서 나는 생각한다. 그런 일에 눈을 반짝이며 봐주는 사람들이 있어서 고맙다고 말이다.

문제가 겉으로 드러난 직후에 이틀 동안 10만 이상의 항의 서명을 모은 의지 있는 과학자들의 기자회견을 들었다. 그중 한 사람이 이렇게 말했다.

"연구는 용돈으로 하는 취미가 아닙니다. 연구를 자유롭게 해야 어떤 일이 일어났을 때 도움이 될 수도 있는 처방전이 생깁니다. 그렇게 방대하게 모은 처방전을 집약해서 사회에 내보내는 구조 중

하나가 학술회의입니다."

사회를 위한 학자의 노력도 물론 필요하지만, 우리도 과학이나 학술을 단면적으로 보는 시선을 고쳐야 할 필요가 있지 않을까?

과학은 구경거리가 아니거니와, 당장 도움이 되는 편의 상품도 아니다. 하지만 어떤 곤란한 일이 생겼을 때는 길을 비춰주는 든든한 존재가 될 수 있는 것이다.

체르노빌의 목소리

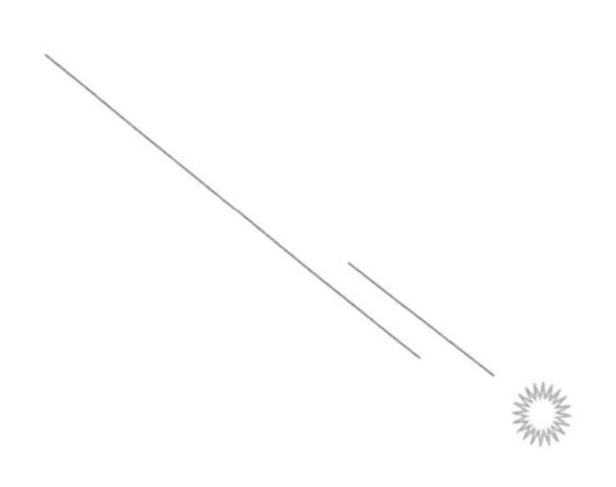

『체르노빌의 목소리』를 읽었다.

노벨 문학상을 받은 벨라루스의 저널리스트, 스베틀라나 알렉시예비치가 쓴 책이다. 1986년, 다양한 이유로 체르노빌 원전 사고에 휘말렸던 사람들의 이야기를 담았다.

소방대원의 아내, 이웃 주민, 의원, 병사…. 면밀한 인터뷰로 뽑아낸 사람들의 말을 활자로 더듬어 가다 보면, 눈앞에서 육성을 듣는 듯한 착각에 빠진다.

사고는 4월 26일 새벽에 일어났다. 믿기 힘들 정도로 허술한 운전 관리와 초동 실패가 인류 역사상 최악의 원전 사고로 이어졌다.

게다가 구소련 정부는 초반에 사고를 숨기려 했기 때문에 상황은 더 좋지 않았다. 근무하던 작업원이 무방비 상태로 끌려 나와 불을 끄기 위해 달려온 소방대원과 함께 대량 피폭했다.

폭발하면서 흩어진 방사성 물질이 환경을 오염시켰다. 주민들은 이주할 수밖에 없었고, 물이나 농작물을 먹고 내부 피폭을 하기도 했다.

우크라이나를 침공한 러시아군이 체르노빌 원전을 점령했던 동안에 병사가 피폭했을 가능성이 있다는 보도가 있었다. 우크라이나의 국영 원자력 기업에 따르면, 방사능에 오염된 출입 제한 구역 '붉은 숲'에서 러시아 병사가 참호(적과 싸우기 위해 방어선을 따라 판 구덩이 - 역자)를 파내고 있었다고 한다.

방사성 물질 위에 씌운 토양을 다시 파내면 어떻게 될까? 그런 지식을 과연 말단 병사는 알고 있었을까? 러시아라는 나라는 어디까지 국민을 일회용처럼 쓰고 버릴 것인가.

『체르노빌의 목소리』에는 사고 후 해체 작업에 동원된 병사들의 증언도 나온다. 그중 한 구절을 소개하겠다.

"아프간(분쟁)에서 돌아왔을 때 전 알고 있었어요. 이제부터 살아가는 거야! 그런데 체르노빌 사건이 일어난 후에는 모든 게 뒤바뀌었어요. 집에 가자마자 바로 죽겠구나."

과학의 빛과 어둠의 삶을 살았던 학자

러시아가 우크라이나에서 화학 병기를 사용했다고 의심을 받고 있다. 수많은 민간인의 목숨을 빼앗은 데다가 공격이 끊이질 않는 남동부 마리우폴에서 말이다.

'러시아군이 무인기에서 유독 물질을 투하했다.'

현지를 거점으로 하는 우크라이나의 전투부대가 주장했다.

화학 병기는 신경에 작용해서 치명적인 타격을 주고 살아남는다 해도 후유증이나 장애를 남기며 환경을 오염시켜 피해를 퍼뜨리는 등 다양한 이유가 있지만, 그 비인도성 때문에 보유하거나 사용하는 것을 국제적으로 금지하고 있다.

세계 최대의 핵무기 보유국인 러시아는 2017년에 '폐기 완료'를 선언했다. 이번 의혹에 대해서도 부정하고 있지만 확증은 없다.

남을 위협하고 상처 입힌다는 이유로 각종 무기는 허용되지 않는다. 특히 ABC 무기(Atomic(원자), Biological(생물), Chemical(화학)의 머리글자)로 묶어서 부르는 대량 살상 무기는 특히 더 악질이다.

화학 무기는 제1차 세계대전 때 처음으로 도입되었다. 개발에 공헌했던 독일의 화학자 프리츠 하버(1868~1934년)는 '화학 무기의 아버지'라 불렸다. 그는 노벨상 수상자이기도 하다. 공기 중의 질소와 수소로 암모니아를 합성하는 방법을 발명한 덕분이다.

그 이름을 따서 하버법(또는 하버-보슈법)으로 만든 암모니아로 질소 비료를 만들 수 있다. 질소 비료는 식량 생산에 혁명을 일으켜 많은 사람을 굶주림에서 구했다. '만약 하버가 없었더라면 지구의 인구는 30억 명 더 적었을 것이다.'라는 말이 나올 정도다.

과학은 빛과 어둠이라는 양면성이 있다. 하버의 생애가 그 사실을 우리에게 아주 잘 보여준다. 비료의 형태로 사람들에게 은혜를 가져다주었지만, 한편으로는 화학 무기가 태어났다. 게다가 암모니아로 만든 질산도 폭약으로 모습을 바꿔 전쟁에 사용됐다.

무엇보다 인간이 과학의 결실을 현명하게 사용하는 지혜를 갖는 것이 중요하다. 그렇지 않으면 비극은 되풀이된다.

애국심이 독가스를 낳는다

'화학 무기의 아버지'라 불린 독일 하버의 생애를 자세히 알면 알수록 감당할 수 없는 기분이 든다.

공기 중의 질소를 수소와 반응시켜 암모니아를 합성하는 방법을 알아낸 일은 그가 인류를 위해 세운 가장 큰 공헌이다. 이것을 원료로 해서 만든 질소 비료는 농업의 생산성을 눈에 띄게 끌어올렸다. 그래서 '공기로 빵을 만든 사람'이라는 별명도 있다.

평생 그를 휘둘렀던 것은 유대인이라는 출신이었다. 젊은 시절에 재능이 있으면서도 차별 대우를 받은 이유가 유대인이기 때문이라고 생각해서 그는 개신교로 개종하기까지 했다.

그런 그의 애국심과 재능을 국가는 최대한으로 이용했다. 독가스 무기를 제조하게 한 것이다. 독일은 제1차 세계대전에서 그것을 최초로 사용한 나라가 되었다.

그는 '전쟁을 빨리 끝내고자' 그 일을 했다고 한다. 하지만 개발이 경쟁을 불러오면서 오히려 장기전이 되고 말았다. 비인도적인 무기를 만드는 일에 계속 반대하던 아내는 스스로 목숨을 끊었다.

패전국으로서 거액의 배상금을 떠안게 된 독일을 위해 하버는 바닷물에서 금을 추출하는 연금술 비슷한 연구도 진행했지만 실패했다. 결국엔 유대인 반대를 내세운 나치 독일이 대두하면서 그의 말년은 불우했다.

미야타 신페이의 저서 『독가스 개발의 아버지 하버-애국심을 배반당한 과학자』에서는 하버가 유대인 배척 정책으로 연구소장 자리에서 쫓겨날 때 직장 칠판에 남긴 글을 소개했다.

'22년 동안 평화로울 때는 인류를 위해, 전쟁일 때는 조국을 위해 몸 바쳐 온 연구소에 작별을 고한다.'

세균학의 아버지 파스퇴르의 명언, '과학에 국경은 없지만, 과학자에게는 조국이 있다.'라는 말을 떠올린 사람도 많을 것이다.

하버가 평화로운 시대에 태어났다면 인생이 바뀌었을지도 모른다. 하지만 역사에 'If'는 없다. 그가 생전에 '인류를 위해' 살충제로 개발한 치클론 B는 수용소에서 유대인 동포들을 학살하는 데 쓰였다. 이 또한 아이러니하다.

포옹이라는 선물

어릴 적에는 오로지 도감이나 백과사전에서 외국에 대한 정보를 얻었다. '안녕하세요'라는 말이 나라마다 다르다는 걸 알고 깜짝 놀랐더랬다.

일본에서는 상대방의 눈을 보고 고개 숙여 인사하는 것이 상식이다. 그런데 외국에서는 악수하거나, 볼을 갖다 대거나, 이마에 키스하거나, 코를 맞대기도 하는 모양이다. 남자와 남자가 만날 때도 말이다! 부끄러워서 도저히 못 하겠다며 가슴이 쿵쾅거렸던 기억이 있다.

어른이 되어 외국으로 나가거나 살아 보면서 드디어 이런 인사들의 의미를 이해했다.

악수는 전형적인 '안녕하세요'라는 인사다. 원래는 기사가 무기를 숨기지 않았다는 걸 확인시켜 주기 위한 것이었다고 한다. 우호

와 성의가 나타나는 편리한 행동이다.

조금 더 친한 사이에는 포옹을 한다. 가까이 다가가 상대방의 등에 손을 두르는 그 행동이다. 동성이나 친구나 가족끼리는 세게 껴안거나 볼 키스를 하기도 한다.

포옹을 하면 그렇게 친하지 않은 상대에게도 친근감이 생기니 참 신기하다. '당신을 거부하지 않습니다.'라는 메시지가 직접 느껴지기 때문일까. 열 마디 말보다는 감사나 위로, 공감이나 격려가 직접적으로 전해지는 기분이 든다.

이런 행동들의 효용은 과학적으로도 뒷받침되고 있다. 좋아하는 사람과 포옹을 하면 뇌 안에서 '옥시토신'이라는 호르몬이 분비되는데, 다른 말로 '애정 호르몬', '행복 호르몬'이라고도 부른다. 수

유 중인 산모의 뇌 안에서도 옥시토신이 분비되어 아이에 대한 애정이 자라는 선순환을 낳는다고 한다. 이 현상은 보호자와 반려견 사이에서도 나타난다는 보고가 있다.

2020년 4월에 일본의 공동 연구팀이 발표한 성과도 흥미롭다. 생후 4개월이 넘은 아기는 엄마가 안아주면 마음이 편해진다는 사실이 실험으로 확인되었다. 팀은 그 지표로 아기 심장의 고동이 어떻게 변했는지 주목했다. 포옹을 하면 아기의 고동이 차분해지고 편안함을 느낀다는 사실이 증명되었다. 타인이 포옹했을 때는 그 변화가 작았다고 한다.

원숭이는 털 고르기를 해서 애정이나 감사의 마음을 전한다. 같은 영장류인 우리는 체모를 잃었지만, 그 대신 포옹과 같은 비언어적 커뮤니케이션을 하게 되었다.

과학을 사랑한 소녀

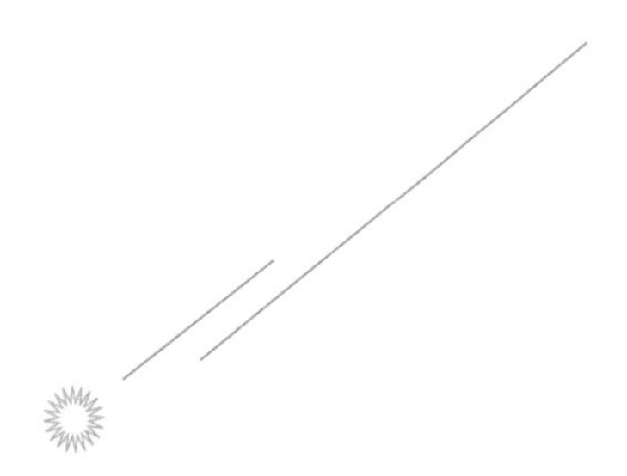

어느 맑게 갠 오후, 소녀는 툇마루에서 그림을 그리고 있었다. 엄마는 문득 바느질하던 손을 멈추고 종이에 삼각형을 그려 노래하듯 흥얼거렸다.

"삼각형의 내각의 합은 180도."

수학을 좋아하는 엄마는 중학교 수준의 문제를 설명했고, 다섯 살 소녀는 완벽하게 이해했다. '이렇게 재미있는 게 세상에 있구나!' 몸이 떨렸고, 목소리도 떨렸다. 이 체험은 소녀를 과학의 세계로 이끌었다.

2019년 1월에 80세의 나이로 별세한 물리학자 요네자와 후미코 씨는 자서전『인생은 즐긴 자가 승리한다』에서 세 번의 '벼락에 맞은 듯한' 체험을 소개했다.

깊고도 오묘한 과학을 처음으로 접한 다섯 살 때, 과학자가 된 후에 원자가 불규칙적으로 나열된 결정에서 전자가 어떻게 움직이는지 설명하는 새 이론이 떠올랐을 때, 그리고 비금속이 금속의 성질을 띠는 상황에 대한 새 이론을 발견했을 때를 그녀는 평생 잊을 수가 없었다.

요네자와 씨는 천재적인 수학 센스로 물성물리학의 금자탑을 쌓았다. '이 넓은 세계에서 나 혼자만 아는 진실'을 얻는다는 것은 과학자의 기쁨이다. 말 그대로 몸이 떨릴 정도일 것이다. 자서전에는 그런 기쁨이 흘러넘치고 있었다.

고뇌와 인연이 없었던 것은 아니다. 20대부터 되풀이되었던 암과의 싸움, 가장 사랑하는 반려자의 죽음이 그녀를 힘들게 했다. 평생 여성 과학자가 늘지 않는 것을 걱정했고, 평생 부당한 차별과 용감히 맞서 싸우다 떠났다.

그녀를 추모하는 사람들이 준비한 고별식장은 요네자와 씨가 좋아했다는 진홍색 꽃으로 호화롭게 꾸며졌다. 그리고 그 자리에서 많은 '전설'이 공개되었다.

고등학교 시절, 행사에 여자를 제외하겠다는 학교 방침에 항의해서 수업을 보이콧한 일, 정년퇴직까지 일했던 게이오기주쿠대학 수업에서는 요네자와 씨가 들어오는 순간 교실이 향수 냄새로 가득해지자 학생들이 몰래 '샤넬의 마법'이라고 이름 붙인 일, 눈코 뜰 새 없이 바쁜 교수 시절에는 연구실 미팅을 새벽 1시부터 시작했던 일….

그녀의 전례 없는 인생은 다섯 살, 어린 시절의 기억에서 시작한 진리에 대한 동경과 '과학을 하는 기쁨'이 든든하게 받쳐주고 있었다.

만지고,
보다

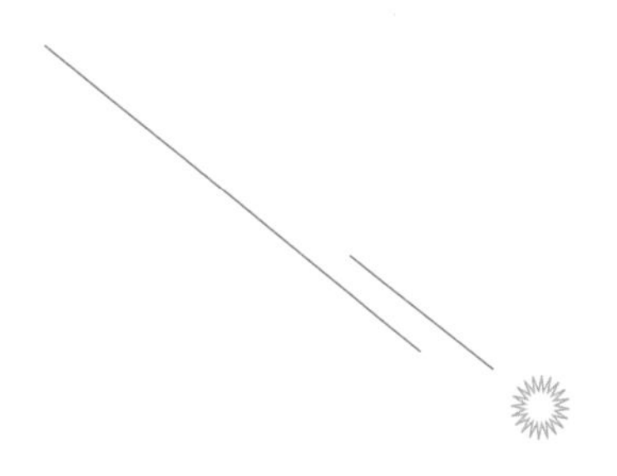

어둠 속에서 나는 그 '사람'을 더듬더듬 만졌다.

싸늘한 촉감. 그 사람은 하늘을 우러르며 눈은 반쯤 감겨 있고, 무언가 할 말이라도 있는지 입은 살짝 벌어져 있었다. 울대뼈나 다부진 등을 보니 남성일 테다. 높이 치켜든 양팔은 어깻죽지에서 싹둑 잘려져 있었다.

테마는 슬픔인가, 분노인가. 이제 생각을 좀 하려고 했더니 3분의 제한 시간이 끝났다.

후쿠오카시에 사는 조각가 가타야마 히로시 씨의 '만지는 전시회' 워크숍에 참가했다. 가타야마 씨의 작품은 모두 '만지며 감상하기'를 전제로 만들어졌다. 작품과 대화를 하려면 보기만 하고 끝나는 게 아니라 직접 만져봐야 한다는 신념 때문이다.

전시회를 보러 온 사람들은 작품을 자유롭게 만질 수 있다. 이러한 시도는 2006년에 시작되었다. 이때까지 작품이 더러워지거나 망가진 적은 없다고 한다.

이날의 워크숍은 국립민족학박물관 준교수 히로세 고지로 씨가 지도를 맡았다.

히로세 씨는 13살 때 시력을 잃었다. 시각이 우선시되는 박물관을 좀 더 열린 공간으로 만들고자 '무시각류 감상'을 내걸고 전국을 돌아다녔다.

"바삐 돌아가는 세상에서 만지는 게 무슨 쓸모가 있냐고 생각하실지 모르겠지만, 만져야 비로소 알게 되는 것들도 있습니다. 대상이 '무엇인지' 따지기보다는 '무엇을 전달하려 하는지' 생각해 보세요."

안대로 시각을 차단하고 작품 앞에 섰다. 눈으로만 본다면 '아, 남자구나.'라며 끝났을 것을 반걸음 더 가까이 다가간 듯한 기분이 들었다.

하지만 역시 눈으로 보고 답을 확인하고 싶은 이유는 입력된 정보 중 80%를 시각에 의존하는 일반인의 나쁜 버릇 때문일 것이다.

히로세 씨는 다른 작품을 꼼꼼하게 감상했다. 전체에서 부분으로, 그리고 빙글 한 바퀴 돌며 작품의 세밀한 디테일까지 놓치지 않았다.

"망토 밑에 사과가 있네요."

나는 눈치채지 못했다.

'무시각無視覺은 무사각無死角'(시각이 없으면 사각[사각지대의 사각]이 없다-역자)이라고 히로세 씨는 말했다. 확실히 보이지 않는 것이 보이는 모양이다.

세계에서
가장 강한 여자아이

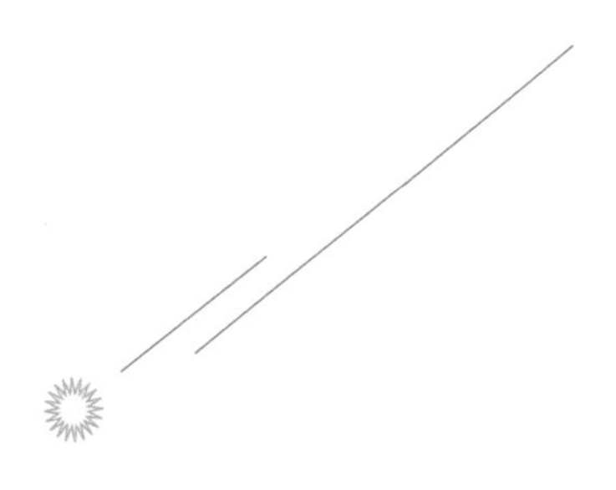

'기후를 위한 등교 거부'의 제창자인 그레타 툰베리 씨를 봤을 때, 아주 예전에 읽었던 『말괄량이 삐삐』가 떠올랐다.

삐삐는 스웨덴 소녀다. 주근깨와 빨간 양 갈래머리가 트레이드 마크고, 남을 괴롭히는 아이나 권위만 믿고 이상한 헛소리를 하는 어른이 있으면 호되게 복수를 해 줬다. '세상에서 가장 강한 여자아이'의 통쾌한 이야기는 초등학생이었던 나의 가슴을 뛰게 했다.

그레타 씨도 스웨덴에 살고 머리가 빨갛지는 않지만 양 갈래머리다. 2018년 여름, 온난화 대책에 소극적인 어른들에게 혼자서 항의하기 시작했다.

매주 금요일에 학교를 쉬고 국회 앞에 눌러앉은 모습은 같은 세대 젊은이들의 공감을 샀고, 파업과 시위는 100개국 이상으로 퍼져 나갔다.

곧장 노벨평화상 후보로 추천되었는데, 그레타 씨는 "제 인기보다 지구의 생명이 더 소중해요."라며 냉정했다. 그녀의 눈에는 '환경 기술로 세계를 선도'하겠다며 온난화가 빨라지는 데 한몫하는 석탄 화력 발전소를 건설하는 일본 역시 '이상한 어른'으로 비치지 않을까.

그러나 일본에서는 항의 행동이 그렇게 활발히 일어나지 않았다. 자신들의 미래를 좌우하는 문제인데 무지한 건지 무관심한 건지, 아니면 괜히 큰 목소리를 냈다가 눈에 띌까 봐 걱정하는 건지.

어른의 사정으로 움직이는 세계는 불합리한 일들로 가득하다. 그런데도 어쩔 수 없다느니, 혼자서 행동해 봤자 변하는 건 없다느니, 포기한다면 아무것도 변하지 않는다.

그레타 씨처럼 현실을 직시하고 소박한 분노를 행동으로 옮기는 '강한 여자아이'가 될 찬스는 남자든 여자든 누구에게나 있다.

북극성처럼
빛나는 꿈

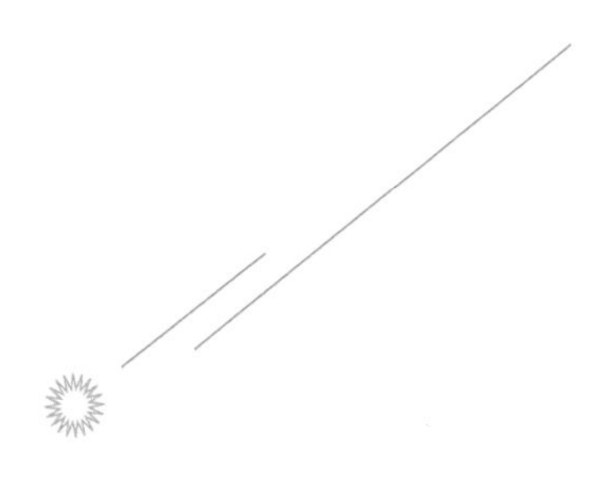

사메지마 히로코 씨는 아프리카와 일본을 오가는 '하늘을 나는 디자이너'다.

에티오피아의 수도 아디스아바바에 공방을 차렸다. 현지에서 무두질하여 염색한 양가죽으로 15명의 기술자가 직접 만든 가방을 일본에 수출하고 있다.

에티오피아를 선택한 가장 큰 이유는 고산지대에서 만들어지는 양가죽의 질이 매우 좋기 때문이다. 북위 10도, 표고 3,000m의 땅에서 자라는 '아비시니아 하이랜드 양'의 가죽은 촉촉하게 달라붙는 촉감이 좋다. 얇고 가벼운데 튼튼해서 가방에 제격이다. 염색한 뒤, 재단부터 봉제까지 수작업으로 마무리한다.

또 다른 이유는 개발도상국에서도 질 좋은 상품을 만들 수 있도록 뿌리를 내리고 싶다는 마음이 있었기 때문이다.

그녀의 초심은 20대 시절 화장품 회사에서 일했던 경험에 있다. 아름다워지고 싶은 여성들의 마음에 부응하기 위해 계절마다 신상품을 발표해야 했다. 눈이 어지러울 정도로 빠르게 변하는 유행을 좇아가다 보니, 어느 순간 '나는 반짝거리는 쓰레기를 만들고 있는 게 아닐까?'라는 생각이 들었다.

'대량 생산과 대량 소비를 전제로 한 제조가 과연 인간을 행복하게 만들 수 있을까?' 그 답을 구하는 여행은 2012년 에티오피아에서 결실을 봤다.

그때까지 걸었던 여정이 절대 순탄치만은 않았다. 청년 해외 협력대, 고급 브랜드, 귀금속 회사까지 전전하면서 경험을 쌓은 끝에 지금의 자리에 오르게 되었다. 창업 후에도 믿었던 사람에게 배신을 당했고, 경영 트러블로 한때는 기술자까지 잃고 빈털터리가 되었다. 그래도 포기하지 않았다.

사메지마 씨가 디자인하는 가죽 제품 브랜드 이름은 '안두 아멧 andu amet'이다. 현지 암하라어로 '1년'이라는 뜻이다. 그녀는 '갖고 있으면 마음이 채워지고 너덜너덜해질 때까지 사용한 시간이 가치가 되는 물건을 만들고 싶다.'라고 말했다.

에티오피아는 정세가 불안정하고 인프라도 취약하다. 가끔 정전이 발생하기도 해서 결코 복 받은 비즈니스 환경이라고는 할 수

없다. 그래도 현지에서 키운 기술자들의 실력이 나날이 늘어가는 모습을 보면 그렇게 든든할 수가 없다.

"평생을 들여서 만드는 사람, 파는 사람, 쓰는 사람까지 모두가 행복해지는 구조를 실현하는 것이 저의 꿈이에요. 고민이 있더라도 항상 북쪽 하늘에서 이끌어주는 북극성 같은 존재죠."

가죽에 버금가는 에티오피아의 특산품 커피와 인연이 닿아 스타벅스와 협업을 하게 됐다.

"이제부터 시작이죠."

사메지마 씨는 말했다.

2018년 9월, 도쿄 오모테산도. 개성 넘치는 카페나 부티크가 여기저기 보이는 거리에 콘셉트 숍을 열었다. 창업 후 6년 만에 이룬 일본의 거점이다. 사메지마 씨는 에티오피아에 살고, 이곳에 머무를 수 있는 건 1년에 1~3개월 정도다.

아디스아바바 공방에서는 20~30대의 젊은 기술자들에게 일본의 엄격한 품질 기준을 가르쳤다. 아침 8시부터 저녁 5시 반까지 점심시간과 2번의 티타임을 끼워서 가방 만들기에 열중한다. 여성이 많은데, 그중 두 명은 아이를 데리고 출근한다.

안두 아멧의 아이콘이라고도 할 수 있는 'Hug' 시리즈는 이름대로 꼭 안고 싶어지는 촉감과 둥그스름한 의장이 특징이다.

"우기에는 마른 땅이 신록과 꽃으로 뒤덮이지요. 부겐빌레아, 자카란다, 에티오피아 장미, 그리고 나일강의 원류인 블루나일을 건너는 바람. 제가 아주 좋아하는 에티오피아 자연의 빛깔을 디자인에 넣었어요."

발전도상국에서 제조한다면 품질보다는 비용을 우선한다고 생각하기 쉬운데, 그 상식을 엎어 버리고 싶다.

"좋은 재료를 쓸 거예요. 구매한 사람이 평생 사랑할 수 있는 가방을 이곳 아프리카에서 만들 수 있다는 걸 증명하고 싶어요."

차곡차곡 쌓은 소중한 시간에 다가가는 가방을 만들고 싶다고 한다.

그녀는 '일본 자본주의의 아버지'라 불렸던 시부사와 에이이치의 현손이다.

"물론 만난 적도 없는 분이지만, 자신의 이익이나 눈앞에 보이는 이익만 좇아봤자 사람은 행복해질 수 없다는 이야기를 들으며 자랐어요."

대량 생산과 대량 소비문화에서 벗어나 소규모라도 지속 가능한 사회로 나아가야 한다. 그것이 그녀에게 평생의 목표가 되었다.

밤하늘의 이야기를
전하는 사람

하늘 안내인. 다카하시 마리코 씨의 직함이다.

공기로 부풀어 오르게 하는 돔형 텐트와 플라네타륨 투영기를 차에 싣고, 1년의 절반은 전국 각지로 나간다. 지금까지 2만 명 이상에게 밤하늘을 전했다.

대학원에서 지구물리학을 공부했다. 야마나시현립 과학관에서 16년 일했고, 해설위원 경험을 쌓은 후 2016년에 비영리 단체 '호시쓰무기노무라('별이 자아내는 마을'이라는 뜻 - 역자)'를 설립했다. 그중에서도 병원에 나가 플라네타륨을 보여 주는 활동에 힘을 쏟았다.

소아암이나 난치병으로 장기 입원 중인 아이들과 부모가 간호사나 의사와 함께 다 같이 누워 30분 동안 우주 산책을 체험한다.

다카하시 씨는 투영에 맞춰 그 자리에서 해설하는 것을 중요하게 생각한다.

"우리 몸의 재료는 별이 만들어 줬어요. 138억 년 전에 탄생한 우주에서 같은 생일을 갖고 찾아온 것일지도 몰라요."

힘든 투병을 잠시 잊고, 지금 살아 있다는 기적을 느꼈으면 하는 마음으로 이야기했다.

세 살에 시한부 선고를 받은 여자아이에게는 태어난 날의 밤하늘을 선물했다. 여자아이는 4개월 후에 떠났는데, 아이의 부모가 자원봉사로 활동을 돕고 있다.

밤하늘에는 신기한 힘이 있는 것 같다. 시공을 뛰어넘어 반짝이는 자태에 소중한 사람의 모습을 포개어 본다. 애초에 인간은 왜 별을 올려다보는 걸까? DNA의 기억인 걸까? 다카하시 씨는 계속 생각했다.

이들의 활동에 이와야 사자나미 문예상 특별상이 주어졌다. '누구 하나 놓고 가지 않겠다는 결의로 아이들과 함께 별이 가득한 하늘을 공유했다.'라는 칭찬과 더불어 말이다.

오늘 밤 나는 산책을 나간다

별은 보일까

그런 생각만 해도 마음이 따뜻해진다

다카하시 씨의 플라네타륨을 체험한 후 쉰이 넘은 나이에 밤하늘과 만났다는 시각 장애인 남성이 쓴 시다. 점자로 하늘 가득한 별을 표현한 그림이 그와 우주를 이었다.

다카하시 씨는 150명의 동료와 함께 오늘도 누군가에게 밤하늘을 전하고 있다.

봄,
공원에서

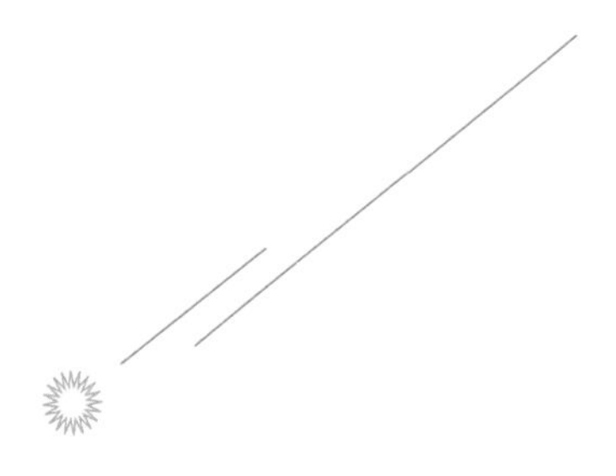

코로나의 영향으로 출장 일정이 취소된 어느 날, 따분해서 집 근처 공원에 나갔다. 벤치에 앉아 벚꽃을 바라봤다. 아장아장 걷는 남자아이가 감염 예방 대책으로 멈춘 분수대 연못에서 놀고 있었다.

작은 몸을 수면 위로 내밀어 연못의 물을 종이컵에 담더니, 뒤뚱거리며 계단을 내려가서 거기에 놓은 양동이에 따랐다. 빈 컵을 손에 들고 다시 계단을 올라가 물을 담는 행동을 반복하고 있었다. 뭔가를 찾고 있는 모양새도 아니다. 양동이를 연못 근처로 옮기면 계단을 오르락내리락하지 않아도 될 텐데….

여기까지 생각이 미쳤을 때 깨달았다. '아이는 물을 퍼서 옮기는 행위 그 자체를 즐기고 있구나.' 그 무심함에 정신이 번쩍 들었다.

아이는 이런 식으로 놀고, 울고, 어리광을 부리며 잠을 자면서 자란다. 그걸 지켜보는 게 어른의 역할이다. 그런데도 '예절'이라는 이름의 폭력에 몸도 마음도 상처를 입고 어린 생명의 불씨를 꺼뜨리는 사건이 끊이질 않는다. 지면에 넘치는 감염증 기사에 곪아 터진 나날들 속에서, 사실 나는 그 옆에 매일 같이 보이는 아동 학대 뉴스에 질린 참이었다.

누구나 앞을 내다보지 못하는 불안 속에서 봄을 맞이했다. 사회인으로 출발선을 끊는 줄 알았는데 입사가 취소되거나, 아르바이트 스케줄이 단축되어 경제적으로 빠듯해진 사람들이 있다. 가시 돋친 사회 분위기 속에서 타인에게 무관심하고 관용이 부족해지며 폭력까지 일어나기도 한다.

일본어로 봄はる(하루)이라는 이름은 초목의 싹이 봉긋 올라오는 모습에서 따 왔다고 한다. 논밭을 개간한다는 뜻도 있다. 생명력이 넘치는 새 계절을 반기는 마음을 잊어버리고 싶지 않다.

남자아이는 벚꽃에 눈길도 주지 않고 시간을 가는 줄 모른 채 놀고 있다. 처음에는 손잡이를 잡고 뒤뚱뒤뚱 걷는가 했는데, 어느새 오른손에는 컵과 왼손에는 나뭇가지를 든 채 의기양양하게 계단을 오르내리고 있다.

이런 소소한 경치를 보니 어쩐지 마음이 포근해진다.

우유 한 잔,
일상의 여유

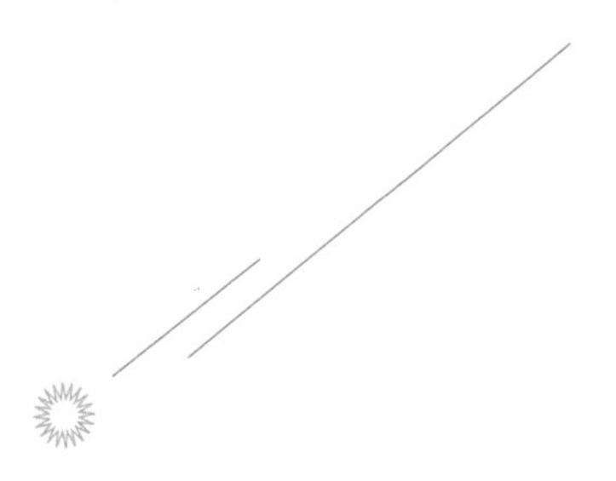

손으로 쓴 메모 한 장이 책상 위에 남겨져 있다. 조목별로 쓴 비망록이다. 몇몇 항목에는 끝났다는 표시가 되어 있다.

아직 끝내지 못한 용건 중에 '작업용 점프슈트'라는 글자를 발견했을 때, 나는 깊은 상실감에 휩싸였다. 이 메모를 쓴 마에다 게이치로 도쿄대학교 교수는 2018년 2월 3일, 대동맥류 파열로 여행지에서 돌아올 수 없는 사람이 되었다.

그는 도쿄대 농학부에서 공부하고 부속 목장에서 먹고 자면서 연구에 몰두해 박사 학위를 땄다. 나고야대학교에서 일자리를 얻어 동물의 생식 메커니즘을 밝히려 했고, 가축 번식학의 일인자가 되었다. 자타공인 '목장에서 자란' 학자였다.

특히 연구 성과가 어떻게든 사회에 도움이 되기를 바랐다며 주변 사람들은 말한다. 그중 하나가 캄보디아에서 낙농·축산을 재건

하는 일이었다.

캄보디아는 1970년대에 폴 포트 정권 때문에 많은 지식인들이 희생당했고, 낙농을 포함한 산업이 황폐해졌다. 그러한 실태를 유학생에게 들은 마에다 씨는 '캄보디아 어린이들이 신선하고 맛있는 우유를 언제든지 마실 수 있도록 돕고 싶다.'라고 생각하게 되었다.

우유는 어린이들의 성장을 돕는 친숙한 영양 식품이다. 사전에는 이렇게 나와 있다. '소의 젖. 백색으로, 살균하여 음료로 마시며 아이스크림, 버터, 치즈 따위의 원료로도 쓴다.' 신종 코로나 때문에 전국적으로 휴교를 했을 때는 급식용 우유가 대량으로 남아서 주목을 받았다.

그런 일이라도 일어나지 않는 한, 우유를 아주 쉽게 손에 넣을 수 있는 일상에 대해 깊이 생각할 일이 없다. 나도 마에다 씨에게 '우유 제조는 하이테크 산업'이라는 걸 배울 때까지 그랬다.

'하이테크 산업'인 까닭은 소젖 짜기부터 살균, 냉장, 운반까지 모든 과정에 세심한 관리가 요구되고, 게다가 암소의 번식 사이클과 생산이 깊게 연관되기 때문이다.

암소의 젖은 원래 출산한 뒤 일정 동안만 나온다. 그러나 우유는 1년 내내 수요가 있다. 안정된 공급을 하려면 과학적 지식에 기인하여 확실한 임신과 안전한 출산, 그리고 건강한 사육 환경이 있어야 한다.

마에다 씨가 프로젝트를 시작한 2007년경, 캄보디아에서 우유는 전혀 일상적이지 않았다. 밀크 하면 보통은 캔에 들어가는 연유를 가리켰다.

나고야대학교와 캄보디아 왕립 농업대학은 협력 관계를 쌓고 낙농 지도자 육성에 힘썼다. 유량이 많은 홀스타인과 현지에서도 사역에 이용되는 소를 교배해서 더운 기후에 견딜 수 있는 젖소 육성에도 도전했다.

10년째가 됐을 때 마침내 착유기나 살균, 냉장 설비를 갖춘 작은 실습 시설이 현지의 왕립 농업대학에 완공되었다. 계획을 인수받은 구와하라 마사요시 도쿄대학교 교수가 기뻐하던 모습이 아직도 선명히 떠오른다.

세상을 떠나기 전 마에다 씨는 자신의 '원점'이라고도 할 수 있는 도쿄대 부속 목장에서 새로 시작할 일을 학수고대하고 있었다고 한다. 책상 메모에 있었던 '작업용 점프슈트'는 학생을 지도할 때 입을 예정이었다.

아내인 쓰카무라 히로코 나고야대학교 교수는 "'농학은 평화의 학문이며, 식량이 풍족하면 전쟁은 사라진다'라고 항상 입버릇처럼 말씀하셨어요."라며 회상했다.

그 뜻은 남겨진 사람들이 이어받았다. 그러나 주인 없는 교수실, 마에다 씨의 책상만은 2년 전부터 시간이 멈춰 있다. 일상의 소중함과 허무함을 뼈아프게 느꼈다.

그래서 더 인연을 맺는다

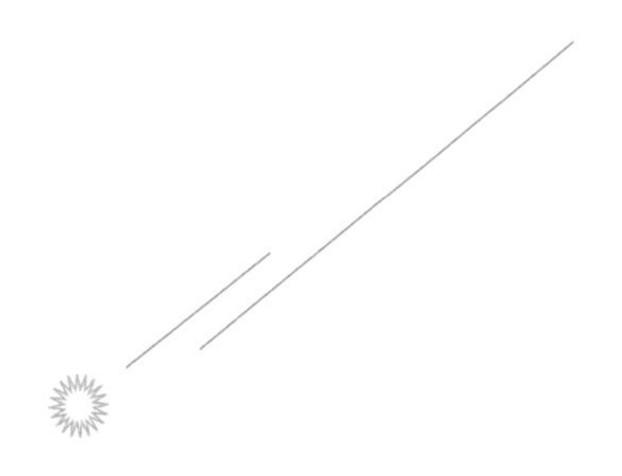

후쿠이현 쓰루가시에 사는 사와무라 리에 씨가 그 지역에서 '어린이 식당'을 시작한 것은 코로나 때였다.

사와무라 씨는 농업으로 가계를 꾸리면서 장애가 있는 아이를 기르는 싱글맘이다. 비슷한 처지에 있는 사람들과 인연을 맺고 서로 돕는 자리가 있으면 좋겠다는 마음에 식당을 열기로 결심했다.

예전에 삼림조합의 기숙사로 사용되던 빈방을 무료로 빌렸다. 조리 기구나 식기는 쓰지 않는 물건들을 여기저기서 모아서 장만했다. 청소까지 마치고 이제 시작해 볼까 하는 타이밍에 신종 코로나 바이러스가 유행한 것이다.

'사람 간 접촉을 되도록 피하라.' 새로운 생활 양식이 권장되었다. 그래도 사와무라 씨는 포기하지 않았다. 기부받은 식재료나 채소 등을 써서 손수 만든 도시락 한 개를 300엔에 각 가정으로 가져

다주기로 했다.

배달 대상은 아이의 결석으로 고립되기 쉬운 가정, 홀로 사는 노인으로 한정하기로 했다. 활동은 입소문을 타고 점점 퍼져서 배달할 집이 170곳에 이르렀다.

눈물을 글썽이며 방문을 기뻐하는 사람, 도시락을 손에 들고 신세 한탄을 하는 사람, '내가 살아 있는 걸 어떻게 알았어.'라며 봇물이 터지듯 신나게 이야기하는 노인도 있었다.

어린이 식당은 다양한 사람들이 모여 식사를 함께하고 시간을 보내는 자리다. 빈곤 가정 어린이들에게는 따스한 식사를 얻을 수 있는 기회다. 혼자서 집 지키는 아이들에게는 포근한 분위기가 마음에 영향을 준다.

“학년이 다른 아이들, 대학생, 이웃집 아주머니나 할아버지. 다양한 연령대의 사람들과 엮이는 경험은 아이들에게도 인생의 재산이 돼요. 만화 〈사자에 씨〉 일가에 나오는 식탁처럼 지역 사람들로 둘러싸인 안식처지요.”

NPO ‘전국 어린이 식당 지원 센터 무스비에’ 이사장이자 사회 활동가인 유아사 마코토 씨는 어린이 식당의 역할을 이렇게 설명했다.

무스비에의 조사에 따르면, 그 수는 전국적으로 총 7,363개(2022년 기준)라고 한다. 매년 조사할 때마다 1,000개 이상 증가하고 있다. 삼밀(밀폐된 공간, 밀집된 장소, 밀접한 접촉)을 피하라는 사회 분위기 때문에 위기에 봉착했지만, 남은 재료들을 나눠주거나 포장용 도시락으로 전환해서 절반은 활동을 이어갔다.

일본에서는 어린이 7명 중 한 명이 평균 소득의 절반도 채 되지 않는 가정에서 살고 있다. 주요 7개국에서 봐도 높은 수준이다. 싱글 부모 가정의 약 절반은 빈곤 상태에 있다는 데이터도 있다.

신종 코로나의 영향은 특히 이런 가정에 더 큰 피해를 주고 있다. 직장을 잃거나 수입이 줄어들어 빠듯해진 일상에서 잠깐 들러 밥을 먹고 이야기꽃을 피우는 찰나의 시간, 무거운 짐을 내려놓을 수 있는 이런 자리는 구원의 손길이나 마찬가지다. 그 중요성은 코로나 시기이기 때문에 더 높아진 것이 아닐까?

그 마음은 후쿠이의 사와무라 씨도 똑같다. 지금은 도시락을 통해 얼굴을 마주하는 정도지만, 머지않아 안식처를 만들고 싶다는 소망이 있다. 힘들겠다는 한마디에 활기찬 목소리가 되돌아왔다.

"이 활동은 저한테도 안식처거든요."

좌표축을 찾는 여행

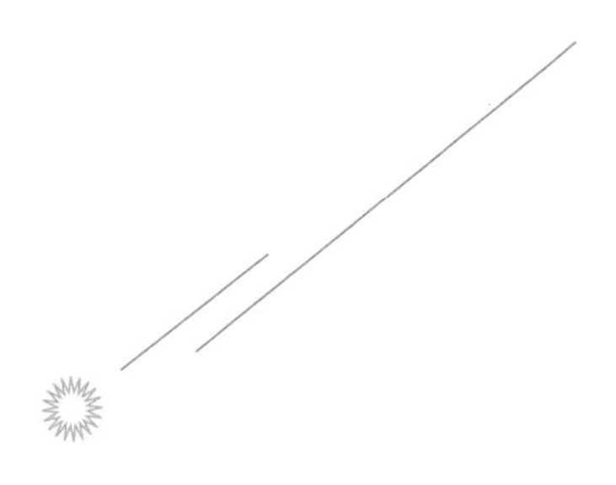

드라마 〈북쪽 고향에서〉가 방송 40주년을 맞이했다.

도시에서 자란 초등학생 준과 호타루가 아버지 고로에게 이끌려 홋카이도 후라노의 폐가로 이사한다. 혹독하고 아름다운 자연 속에서 열심히 살아가는 부모와 아이들의 모습을 세심하게 그려낸 작품이다.

각본가 구라모토 사토시 씨는 39세에 도쿄를 떠나 인생의 절반 이상을 후라노에서 살아왔다. 이야기에는 이 땅에서 체험한 것들과 만난 사람들의 삶이 투영되었다. 어떤 마음을 담았는지 알고 싶어서 숲속 아틀리에로 구라모토 씨를 방문했다.

그는 '서둘러서 변화하려는 상황 속에서, 인간으로서 좌표축을 찾고 싶어서' 각본을 썼다고 한다.

'살면서 중요한 것은 무엇일까? 용납되지 않는 것은 무엇일까?

문명은 인간을 행복하게 하고 있는가?'

드라마가 완결된 후에도 구라모토 씨는 계속 생각했다.

구라모토 씨는 전쟁 후 일본의 발전을 '재팬'이라는 이름의 슈퍼카에 비유했다. "그런데 깜박 잊고 달지 않은 게 있어요. 브레이크랑 후진기어죠. 멈추지도, 과거를 돌아보지도 않았어요."

이주했을 당시 후라노는 이런 시대가 오기 전의 소박함이 남아 있었다고 한다.

집으로 통하는 임간 도로에 큰 바위가 묻혀 있었다. 한번은 불편하다고 동네 청년에게 털어놨더니, 청년은 잠시 생각하다가 이렇게 말했다.

"먼저 사방으로 바위 주변을 파세요. 통나무를 지렛대로 쓰면, 하루에 3㎝, 열흘에 1m 정도는 움직일 거예요."

편리함과 스피드를 최우선으로 여기는 현대와는 선을 긋는 사람들의 삶, 자연과 마주하는 모습은 드라마를 쓸 때 축이 되었다.

그러나 그 후라노도 변하고 있다. 고령화와 도시 집중 현상이 별다른 이견 없이 진행되고, 세대 교체와 함께 선조들이 개간한 농경지를 내놓는 사람이 늘었다. 시가지에는 사람 사는 냄새가 나지 않는 고급 맨션이 생겼다. 땅을 산 외국인이 투자 목적으로 건물을 짓기도 한다.

"자연은 너희들이 죽지 않을 만큼 매년 충분히 먹여 주잖아. 자연한테 받아. 그리고 겸손하면서 검소하게 살아."

"죽어도 갖고 싶은 게 있으면 직접 머리를 굴려서 만드세요. 그게 귀찮으면 썩 갖고 싶은 게 아니었다는 뜻이니까요."

구라모토 씨가 고로의 대사를 빌려서 담아낸 마음과 정반대로 사회는 성급하게 나아간다. 사람들은 자연에서 빼앗아 '크게 갖고 싶지도 않은 것'을 만들어 내며, 그것은 머지않아 대량 쓰레기가 되어 환경을 파괴한다.

나는 대지진과 원전 사고가 동시에 일어난 2011년에 〈북쪽 고향에서〉를 처음으로 봤다. 생각 이상으로 심했던 진동과 쓰나미가 과학 기술의 틀을 모아 놓은 시스템을 쉽게 부수었다. 문명의 연약함을 뼈저리게 느끼는 날들이었고, 드라마의 메시지는 사무치게 와닿았다.

밝게, 가볍게, 부드럽게

나는 암을 두 번 경험했다. 두 번 다 검진에서 발견되었고, 절제 수술을 받았다.

두 사람 중 한 사람이 암에 걸리는 시대에 앓는 것 자체는 드물지 않다. 하물며 생존자라고 칭할 정도의 경험도 없었다.

그래서 암과 인연을 끊었냐고 묻는다면, 아니다. '두 번 있었다는 것은 세 번도 있을 수 있다.' 나는 그렇게 확신한다. 사는 모습도 바뀌었다.

'언젠가'라는 말은 하지 않기로 마음먹었다. 하고 싶은 일, 가고 싶은 장소, 보고 싶은 사람, 전하고 싶은 말. 인생의 이런저런 기회를 '언젠가'로 미루지 않기로 했다. 죽음을 가까이에서 느꼈고, 그렇기 때문에 더 좋게 살자고 생각하게 됐다.

그녀는 어땠을까. 2021년 4월에 세상을 떠난 디자이너 나카지마 나오 씨는 '암을 다 같이 고칠 수 있는 병으로 만들겠다.'라는 다짐을 높이 내걸고, 38년의 생애를 마감했다.

나카지마 씨는 31세에 유방암 진단을 받았다. 2년 후에는 전이가 발견되어 4기 판정을 받았다.

치료와 함께 암 환자의 '인생의 질'을 높이는 활동을 병행했다. 브래지어를 착용하지 않고 입을 수 있는 셔츠나 두발을 멋지게 숨길 수 있는 모자를 직접 디자인해서 온라인 판매를 시작했다. 기부금을 모아서 암 치료 연구를 지원하는 사회 운동도 했다. 36세 때의 일이다.

'딜리트 C'라고 이름 붙였다. 딜리트는 '삭제하다'라는 뜻이고, C는 암Cancer의 머리글자에서 따 왔다. 협찬하는 기업은 상품명이나 브랜드 로고에서 'C'를 지운 한정 상품을 발매하고, 수익의 일부를 기부한다. 소비자는 상품을 사는 것 말고도 'C'를 직접 지운 사진을 SNS에 올리거나 공유해서 즐겁게 참가할 수 있다. 반응의 크기에 따라 기부금이 늘어난다.

같이 운동을 시작한 프로듀서 오구니 시로 씨는 카페에서 나카지마 씨에게 상담받은 그날의 일을 잊을 수가 없다.

"저는 암을 고칠 수 있는 병으로 만들고 싶어요." 암이라는 현실의 혹독함을 잘 피하면서 헤쳐 온 친구의 결의 표명에 오구니 씨는 당황했다. 암은 의사나 제약회사나 나라가 고칠 수 있는 것으로 생각했다.

하지만 마음을 다잡았다. "어둡고, 무겁고, 불쌍하다. 암 환자가 가진 이미지를 뒤집어서 희망 있는 미래를 하루라도 빨리 끌어당기고 싶다는 그녀의 마음을 같이 이루겠다고 마음먹었습니다."

암 환자이자 연구자인 나가이 요코 씨와 셋이서 NPO를 설립했다. 모은 기부금을 연구자에게 맡기는 두 번째 이벤트를 마친 후, 나카지마 씨는 떠났다. 그 후 얼마 되지 않아 뒤를 따르듯 나가이 씨도 암으로 세상을 떠났다.

오구니 씨는 홀로 남았다. 암을 경험하지 않은 자신이 운동을 이끈다는 것에 불안감도 있었지만, 응원해 주는 기업이나 동료들이 있다.

"누가 없어져도 활동이 이어지도록, 다 같이 가치관을 공유하고 있어요."

그것은 나카지마 씨가 남긴 '밝게, 가볍게, 부드럽게'라는 모토였다.

암은 버거운 상대다. 하지만 도망칠 수 없다. 그렇다면 긍정적으로, 주변을 끌어들여 가볍게 살아가는 게 낫다.

홀로 살아간다는 것

고양이 6마리에게 먹이를 주고 화장실 모래를 갈아준다. 도쿄에 사는 프리랜서 편집자, 이케다 미키 씨의 일과다. 그중 4마리는 구마모토시에 있는 본가에서 기르고 있던 늙은 고양이다.

미키 씨가 대학생 시절에 한 마리를 데리고 온 것을 계기로 부모님은 고양이를 기르기 시작했다. 딸이 취직해서 독립한 후에도 갈 곳 없는 고양이를 맡아서 보살폈다.

그런데 2020년 여름, 어머니가 치매로 병원에 입원했다. 혼자 살게 된 아버지는 반년 후 정월에 집에서 세상을 떠났다. 미키 씨가 경찰에게 연락받았을 때는 사후 일주일이 지난 상태였다.

아버지는 새해 조간신문을 선까지 그리며 꼼꼼히 읽었다. 그 뒤로 온 조간신문들은 펼치지 않은 채 쌓여 있었다.

식탁에는 안경과 마시다 만 커피가 놓여 있었고, 냉장고에는 직접 만든 수프와 죽이 일주일 이상 보관되어 있었다. '아버지는 마지막까지 살려고 하셨구나.' 그렇게 느꼈다.

몸에 늘 지니고 다니셨던 가방 안을 다시 봤다. 제일 아래에서 미키 씨의 어릴 적 사진이 나왔다.

부모님이 늙어간다는 것은 알고 있었다. 하지만 미키 씨가 부모님을 보살필 일은 천천히 찾아오는 것이라고 믿고 있었다. 미키 씨는 외동딸이고 독신이다. 어머니는 시설에 계신다. 이제 앞으로 슬픔이나 추억을 누구와 이야기해야 좋단 말인가.

더 오래 같이 살아서 추억을 만들어 둘걸, 새해에는 고향에 내려갈걸. 자책하는 마음과 고독이 밀려왔다. 사람의 온기가 사라진 집에 덩그러니 남아, 엉엉 소리 내어 울었다.

아버지의 죽음 후 한 달에 한 번 구마모토에 가고 있다. 지은 지 45년 된 집을 환기하고 유품을 정리하기 위해서다.

프리랜서 일은 수입이 일정치 않다. 고향에 내려가는 비용이나 본가 유지비를 내는 생활이 언제까지 이어질지 몰라 불안하다. 그렇다고 이제 와서 구마모토로 이주하기도 어렵다.

하지만 사람과의 인연이 얼마나 소중한지도 깨달았다. 이웃집 주민이나 동네 친구의 마음 씀씀이가 정말 든든했다. 상경하고 30년 동안 고향과 거리를 뒀던 자신을 돌아보고, 홀로 늙어 갈 미래를 생각하게 됐다.

누구에게도 보살핌을 받지 못한 고령자가 자택에서 사망하는 케이스가 늘고 있다. 누구에게나 일어날 수 있는 사태다. 부모의 고독사, 원거리 간호, 빈집이라는 현대의 과제를 한 번에 짊어지게 된 미키 씨 같은 케이스는 앞으로 늘어날 것이다. 애초에 혼자 늙어 죽는 것은 '남들에게 폐를 끼치는 일'일까? 현상이 그렇다면 사회가 바뀌어야 한다.

2021년, 기사라기 사라라는 필명으로 인터넷에 올라온 체험기가 공감을 불러일으켜 출판이 결정되었다. 『아버지가 홀로 죽어 있었다』에서 미키 씨는 시설에서 어머니가 중얼거렸던 한 마디를 되새기고 반성했다.

"살아 있는 동안에는 살아야지."

일단은 살자. 1주기를 마치면 고향에서 시작할 새로운 일을 준비하자. 미키 씨 안에서 그런 마음이 솟구쳤다.

'걸음을 내딛는 차가운 볼에 손을 갖다 대.'

취재 후에 그녀가 보내 준 구절이다.

치매,
모두의 일이 될 수 있다

알츠하이머형 인지증(치매)의 신약이 화제를 부르고 있다. 바로 에이자이가 미국 기업과 공동 개발한 '레카네맙'이다. 미국에서 신속하게 승인받았고, 이어서 일본에서도 2023년 9월에 정식 승인을 받았다.

여러 가지 원인으로 뇌의 신경세포 활동이 저하되고, 기억이나 학습 같은 인지 기능이 떨어지는 상태를 치매(인지증)라고 부른다. 전 세계에 치매 환자는 약 5,500만 명 이상이며, 그중 70%를 알츠하이머형이 차지한다고 한다.

지금 널리 쓰이는 약은 남겨진 신경 세포를 활성화하는 것이다. 효과는 개인 차이가 있는 데다가 진행을 늦추는 것 이상은 기대하기 어렵다.

그런데 레카네맙은 병을 일으키는 것으로 추측되는 이상 단백질을 제거하도록 설계되었다. 원인에 직접 작용하는 약은 처음이라 치매 치료의 '마일스톤(큰 전환점)'이 될 것이라는 기대를 받고 있다.

50대 중반에 접어들면 '어떤 식으로 죽고 싶은가'에 대한 화제가 늘어난다.

"아프고 괴로운 건 싫어."

"병을 오래 앓으면 폐를 끼치니까 돌연사가 낫겠어."

"돌연사는 됐어. 할 일은 다 하고 죽고 싶어."

그야말로 십인십색이지만, 공통으로 하는 말은 '치매가 싫어.'라는 것이다. 치매라는 건 다시 말해 인간다움을 잃는 것으로 생각하기 때문이 아닐까?

치매가 환영받지 못하는 이유는 그런 결말보다 오히려 거기까지 이르는 과정에 있다.

대부분 사람은 어느 날 갑자기 치매에 걸리는 게 아니다. 모르는 사이에 비탈길을 내려가는데, 문득 뒤돌아보면 왔던 길을 돌아갈 수 없게 되는 것처럼 그때까지 당연하게 수행했던 작업이 점점 불가능해진다. 건망증이 도를 넘고 주변에 폐를 끼치기 시작한다. 그런 일 하나하나가 자존심을 상하게 한다.

자꾸 잊어버리는 나와 그것을 인정하고 싶지 않은 내가 갈등해서 진찰을 주저하거나 집에 틀어박히기도 한다. '치매만큼은 걸리기 싫어.'라는 세상의 관점도 화를 초래해서 당사자나 가족은 고립되어 간다.

신약 레카네맙은 조기 검사를 통해 빠르게 투여함으로써 효과를 기대할 수 있다고 한다. 빨리 손을 쓰면 선택지는 늘어난다.

'2025년에는 고령자 5명 중 한 사람이 치매'라는 계산도 있다. 100세 인생의 최종 단계에 많은 사람들이 마주하는 병이라고 생각하면 차라리 편하다. 먼저 개개인이 포기하거나 현실을 부정하는 태도에서 벗어나야 한다. 그렇게 사회의 인식까지 바뀌기를 바란다.

암도 예전에는 '죽을병'으로 간주해서 입에 담기도 꺼리는 시대가 있었다. 고령화와 함께 환자 수는 늘어났고, 연구도 진행되어 '일반 병'이 되었다.

병은 사회의 모습을 비춘다. 의학의 진보에 맞춰 우리도 바뀔 필요가 있다는 것은 확실한 듯하다.

세상을 읽는 과학적 시선

펴낸날 2025년 3월 20일 1판 1쇄

지은이_모토무라 유키코
옮긴이_김소영
펴낸이_김영선, 김대수
편집주간_이교숙
책임교정_나지원
교정·교열_정아영, 이라야
경영지원_최은정
마케팅_신용천

펴낸곳 미디어숲
주소 경기도 고양시 덕양구 청초로 10 GL 메트로시티한강 A동 20층 A1-2002호
전화 (02) 323-7234
팩스 (02) 323-0253
홈페이지 www.mfbook.co.kr
출판등록번호 제 2-2767호
값 18,800원
ISBN 979-11-5874-249-2(03400)

미디어숲과 함께 새로운 문화를 선도할 참신한 원고를 기다립니다.
이메일 dhhard@naver.com (원고 투고)